Fritz Vahrenholt

Die Große Energiekrise

MIX
Papier | Fördert gute Waldnutzung
FSC® C014889

2. Auflage März 2023

Umschlaggestaltung: Jorge Schmidt, München
Innengestaltung und Satz: Sibylle Schug
Druck und Binden: Friedrich Pustet GmbH & Co. KG, Regensburg
Printed in Germany
ISBN: 978-3-7844-3658-6

www.langenmueller.de

Fritz Vahrenholt

DIE GROSSE ENERGIEKRISE

und wie wir sie bewältigen können.

LMV

INHALT

Inhalt

EINFÜHRUNG

Wir stehen welt-
weit am Anfang
einer Energiekrise.

Einführung: Die Große Transformation zur Großen Energiekrise

Wir stehen weltweit am Anfang einer Energiekrise, die die wirtschaftliche Entwicklung und den Wohlstand der Nationen auf Jahre, wenn nicht Jahrzehnte prägen wird.

Die Krise wird die Wirtschaftsräume USA, Europa, China und die Entwicklungsländer in unterschiedlicher Weise treffen. Knappe Angebote an Öl, Gas und Kohle unterstützen die fossilen Champions Russland, Australien, Kanada und den Nahen Osten. Bis Erneuerbare Energien und ein Ausbau der Kernenergie einen entscheidenden Teil der Energieversorgung bewerkstelligen können, werden Jahrzehnte vergehen.

Die Energiekrise begann schon vor dem Ukraine-Krieg. Sie deutete sich seit Jahren an. Dass das weltweite Angebot mit dem steigenden Bedarf an Energieträgern nicht mehr Schritt halten konnte, wurde in den Jahren 2020 bis 2021 durch den ökonomischen Rückgang in der Pandemie kaschiert. Nach deren Ende wurden die Knappheiten offenbar. Der Ukraine-Krieg verschärfte und beschleunigte die Verwerfungen auf den Energiemärkten. Die Preise vervielfachten sich bereits vor dem Ukraine-Krieg, da das Angebot an Öl, Gas und Kohle und die Nachfrage auseinanderklafften und der Ausbau anderer Energieträger wie Wind, Sonne und Wasserkraft die Lücke nicht schließen konnte.

Die Investitionen in Öl, Gas und Kohle wurden seit Jahren zurückgeschraubt. Dies erfolgte auf Grund der politischen Rahmenbedingungen in den OECD-Ländern, in denen einerseits der Einsatz fossiler Energien mit hohen CO_2-Steuern und Zertifikatspreisen belastet wurde, andererseits Genehmigungen zur Erschließung neuer fossiler Quellen erschwert, wenn nicht sogar, wie in Großbritannien und Deutschland, verboten wurden. Selbst in den USA wurden neue Fracking-Förderungen nicht mehr erlaubt.

Der fossile Kraftwerkspark wurde in den letzten Jahren vor allen Dingen in Europa massiv zurückgeschnitten. Hinzu trat der massive Kapitalabzug aus den Branchen der fossilen Industrie durch die ESG-Regeln (Environmental, Social, Governance – Umwelt, Soziales und Unternehmensführung) aller Investmentfonds und Kapitalsammelstellen, die zu einer Ausgrenzung aller CO_2-belasteter Investitionen führte. Denn ESG wurde verkürzt auf Klimapolitik. Nur noch grüne Investments wurden auf den Kapitalmärkten propagiert.

Das einzige Wachstum der Öl- und Gasindustrie in den letzten 20 Jahren war der phänomenale Ausbau der Förderung des Schiefergases in den USA, der einen seit der Entdeckung des größten arabischen Erdölfeldes in Ghawar in den 1950er-Jahren nicht gekannten Schub in der Energieversorgung verursachte.[1]

Die Fokussierung der westlichen Staaten und der Kapitalmärkte auf Solar- und Windenergie brachte diese nach langer Zeit der außerordentlich hohen Subventionierung auf ein wettbewerbsfähiges Niveau dort, wo die meteorologischen Bedingungen hohe Solareinstrahlungen oder ein hohes Windaufkommen garantierten. Erneuerbare Energien sind zwar in der Lage, einen immer größeren Teil am Zuwachs des weltweiten Energiebedarfs zu decken, doch noch wächst der fossile Sockel und wird sein Maximum nicht vor 2030 erreicht haben. Die Erzeugung von Wind- und Sonnenenergie hat sich von 2010 auf 2020 verzehnfacht, liegt aber 2020 immer noch nicht höher als bei 3,3 % der weltweiten Primärenergie.[2]

Und es ist noch nicht ausgemacht, ob die Energiestrategie der westlichen Staaten aufgeht, die allesamt bis auf Japan auf einen Energiemix von Erneuerbaren mit Speichern und (bis auf Deutschland) Kernenergie zur Erreichung von Netto-Null CO_2 im Jahre 2050 setzen. Hingegen glauben die fossilen Champions des Fernen und Nahen Ostens einschließlich China, dass eine weitere Förderung von fossilen Energieträgern möglich sei, wenn durch CO_2-Abtrennung die CO_2-Ziele erreicht werden können.

Auf dem Weg zum Öko-Staat

Noch niemals in der Geschichte des Industriezeitalters hat es eine solche Lage gegeben, in der sich die Menschheit befindet: Energie ist knapp und teuer geworden. Und im Unterschied zu den Befürchtungen Ende des letzten Jahrhunderts ist diese Große Energiekrise nicht durch zur Neige gehende Reserven von Kohle, Öl und Gas bedingt, sondern durch politisches Handeln.

Aufgrund der Besorgnis, dass Kohlendioxid, das durch die Verbrennung von Kohle, Gas und Öl freigesetzt wird, in zunehmendem Maße die Erde erwärmt, wurde im Pariser Abkommen vereinbart, die CO_2-Emission in den Industrieländern bis auf 2050 auf Netto-Null zu bringen. Vor diesem Hintergrund wurden – allerdings nur in den Industrieländern – die Energieträger Kohle, Öl und Gas durch Steuern, Abgaben und CO_2-Zertifikate massiv verteuert und die erneuerbaren Energieerzeugungen auf Basis von Windkraft, Solar- und Biomasse subventioniert. Die Explorationen nach neuen fossilen Vorkommen wurden seitens der Staaten, aber auch der großen westlichen Energiekonzerne heruntergefahren.

Das Ergebnis ist eine Knappheit an fossilen Energieträgern, die die Preise nach oben treibt und zu weltweiten wirtschaftlichen Verwerfungen, nicht nur in den Industrieländern, sondern auch in den Entwicklungsländern, führt. Da die Nahrungsmittelpreise an die Kosten der Energieerzeugung gekoppelt sind, können weltweite Hungersnöte die Folge sein.

Preiswerte und ausreichende Energie war für uns alle immer selbstverständlich. Wir vergessen, dass dieser Zustand erst seit der Ablösung der natürlichen Energieträger Holz, Wasserkraft und ein bisschen Wind im 18. Jahrhundert einsetzte – durch den rasanten Aufstieg der fossilen und später der Kernenergie. Bis zu diesem Zeitpunkt war die Entwicklung der Menschheit durch die knappen Energieressourcen begrenzt. Die zivilisatorischen Errungenschaften zur Bekämpfung von Hunger, Krankheit, Geburtensterblichkeit und zur Erreichung von langer Lebenserwartung und erheblich höherem Wohlstand sind weltweit der Nutzung der fossilen Energien seit 150 Jahren zuzuschreiben.

Der oft übersehene Grund hierfür ist der Erntefaktor der fossilen und der Kernenergie. Dieser Erntefaktor beschreibt, wieviel Energie aufgewendet werden muss, um Energie zu erzeugen. Während man für Holz und Holzkohle bis ins 18. Jahrhundert etwa das Fünffache der Energie erwirtschaftete, die man in die Erzeugung investierte, haben heutige Gas- und Kohlekraftwerke einen Erntefaktor von 30, Kernkraftwerke einen Erntefaktor von 100. Wind und Fotovoltaik erreichen zwar nicht die hohen Erntefaktoren der konventionellen Energien, liegen aber (je nach Standort) über dem Wert von 5, einem Wert, der die gesellschaftliche Entwicklung vor der industriellen Revolution über Jahrhunderte begrenzt hatte.[3,4]

Diese Entwicklung wurde erkauft mit einer Zunahme des CO_2-Gehalts in der Atmosphäre von 280 (0,028 %) im Jahre 1860 auf 420 ppm (0,042 %) heute.

Im April 2011 erschien eine wirkmächtige Schrift des Wissenschaftlichen Beirats der Bundesregierung Globale Umweltveränderungen (WBGU), dem einflussreichen Beratergremium der Bundeskanzlerin Merkel, mit dem Titel »Gesellschaftsvertrag für eine Große Transformation«.[5] Darin beschreibt der Rat unter seinem Vorsitzenden Hans Joachim Schellnhuber die dringende Notwendigkeit des Umbaus der Weltwirtschaft mit dem Ziel der Beendigung der Nutzung von fossilen Brennstoffen und Kernenergie, also denjenigen Energieträgern, mit den mit Abstand größten Erntefaktoren.

Da auf diesem Weg Menschen weltweit auf ihre Ansprüche an materielle Wohlfahrt und soziale Sicherheit verzichten müssten, stellt der WGBU offen heraus, dass die Dekarbonisierung der Gesellschaft nur durch die Beschränkung der Demokratie erreicht werden kann – international wie national. International fordert der WGBU einen »Weltsicherheitsrat für Nachhaltigkeit«. Die für Deutschland vorgeschlagene »Zukunftskammer« soll ausdrücklich nicht demokratisch, sondern durch ein Losverfahren bestimmt werden und ein Vetorecht bei politischen Entscheidungen bekommen.

Auf dem Weg zum starken Öko-Staat sind wir auf allen Ebenen gut vorangekommen. Der Weltklimarat IPCC hat mit seiner turnusmäßigen »Summary for policymakers«[6] den Rang eines Weltsicherheitsrates für Nachhaltigkeit mit bestimmendem Einfluss für die Industrieländer eingenommen. Die Europäische Union hat mit der Politik des »Green Deals« die Transformation des europäischen Industrieraums begonnen und erste Erfolge mit der Niederschlagung der Verbrennungstechnologie der heimischen Automobilindustrie verbuchen können. Durch die Belastung von CO_2 im Alleingang durch die massive Verknappung von CO_2-Zertifikaten ist die Deindustrialisierung der Grundstoffindustrie eingeleitet worden.

Und in Deutschland sind mit der Ausrufung des Netto-Null-Ziels für das Jahr 2045 durch das Klimaschutzgesetz[7] mit breiter Unterstützung des Deutschen Bundestages im Juni 2021 die Forderungen des WGBU nach zehn Jahren eingelöst worden. Dieses Gesetz wurde allerdings erst ermöglicht durch einen verheerenden Beschluss des Bundesverfassungsgerichtes, der auf zahlreichen fehlerhaften Tatsachenbeurteilungen der Klimarelevanz von CO_2-Emissionen aus Deutschland beruht.[8]

Entmutigende Fehler

Die Prämissen klimapolitischen Handelns beruhen auf zahlreichen Modellrechnungen von Klimaforschern, die im vierjährigen Turnus in den IPCC-Berichten dokumentiert werden. Oft wird vergessen, dass die Zusammenfassung der einige tausend Seiten starken Langfassung in die wenige Seiten starke »Summary for policymakers« von den Delegierten der Staaten vorgenommen wird und somit einem politischen Auswahl- und Zusammenfassungsprozess unterworfen ist.

Unbestritten ist die Tatsache, dass durch die Industrialisierung seit 1860 zunehmend Abgase von Verbrennungsprozessen von Kohle, Öl und Gas, vornehmlich CO_2, in die Atmosphäre emittierten. Unbestritten ist auch, dass durch die Zunahme des CO_2 die Strahlungsbilanz der Atmosphäre verändert worden ist. Kohlendioxid ist in der Lage, die von der Erde ins Weltall gehende Wärmestrahlung aufzunehmen und zum Teil auf die Erde zurückzustrahlen.

Es ist relativ einfach, im Labor zu bestimmen, wie groß die Temperaturerhöhung etwa bei einer Verdoppelung der CO_2-Konzentration ausfällt. Es sind 1,2 Grad Celsius.[9] Da die Wissenschaft von einer Konzentration von etwa 280 ppm CO_2 in der Atmosphäre in vorindustrieller Zeit bis zum Jahre 1860 ausgeht, wäre eine solche Erwärmung bei einer Verdoppelung der Konzentration auf 560 ppm (heute 417 ppm) zu erwarten. Die Erde ist aber kein Labor. In der realen Welt gibt es Rückkopplungseffekte positiver wie negativer Art.

All diese gekoppelten Effekte versuchen Klimamodelle in Computersimulationen zu berechnen Dabei besteht die größte Unsicherheit der Klimaprognosen in den Wolken.[10] Tatsächlich hat sich in den letzten 20 Jahren die Wolkenbedeckung reduziert und damit einen größeren Anteil der Sonnenstrahlung auf die Erde einstrahlen lassen.[11,12] Die Sonnenstundenzahl in Europa hat in den letzten Jahrzehnten zugenommen, was einen großen Teil der Erwärmung erklären kann.[13] Wir wissen noch nicht, ob diese Veränderung der Wolken natürlichen Ursprungs ist oder von anthropogenen Emissionen hervorgerufen wird. Es gibt zudem eine Reihe von Hinweisen, dass die natürliche Variabilität bis 2050 eher zu einer Temperaturdämpfung beitragen wird (siehe auch Kapitel 2).[14]

Schon die Modellrechnungen des letzten Klimaberichtes kamen in der Rückberechnung der vergangenen 30 Jahre zu einem doppelt so hohen Anstieg der Temperaturen, wie sie in der Realität wirklich stattfanden.[15] Im letzten Klimabericht von 2021 sollte nun alles besser werden. Aber die neuen Modelle (der Klasse CMIP6) versagten völlig. Der letzte Klimabericht von 2021 gibt eine Bandbreite von 2,5 bis vier Grad Celsius für eine Verdoppelung der CO_2-Konzentration auf 560 ppm an. Das Max-Planck-Institut für Meteorologie in Hamburg kommt in seiner Einschätzung der neuesten Modelle zu einem vernichtenden Urteil: »Die Fehler sind entmutigend«.[16] Das sind aber die Modelle, auf die sich die Politik in ihren weitreichenden Schlussfolgerungen in der Energie- und Industriepolitik stützt.

Wohlstand sichern

Kann man in dieser Ausgangslage das gesellschaftspolitische Tempo mit einem Netto-Null-Ziel von CO_2 innerhalb von 20 Jahren verantworten, wenn man einräumen muss, dass es Wind und Sonne in diesem Zeitraum niemals schaffen werden, ausreichende und preiswerte Energie zur Verfügung zu stellen? Müssen wir uns nicht ernsthaft mit der CO_2-Emissionssenkung von Kohle, Öl und Gas befassen, und zur Befriedigung des Energiebedarfs der immer noch rapide wachsenden Menschheit die fossilen Energien dann auch stärker nutzen?

Schon der Blick auf Deutschland zeigt, dass die bereits eingeleiteten Schritte zur Stilllegung der Kernkraftwerke bis April 2023, der Aufgabe der Kohlenutzung bis 2030, der Gas- und

Ölnutzung bis 2045 zum höchsten Strompreisniveau weltweit geführt haben. Die dadurch bedingte Deindustrialisierung Deutschlands und Europas wird zu massiven Wohlstandsverlusten führen, ohne dass die angestrebten Klimaziele auch nur annähernd erreicht werden können.

Knappheiten an Energien werden den Lebensstandard der entwickelten Industrienation gefährden, am meisten wird eine zukünftige Energiearmut aber die Menschen in den sich entwickelnden Länder treffen. Während ich diese Zeilen schreibe, hat die Erdbevölkerung die Acht-Milliarden-Zahl überschritten. Wenn Sie diese Zeilen lesen, etwa am 1. Dezember 2023, sind es 66 Millionen Menschen mehr geworden. 95 % des Wachstums finden in den armen Regionen der Welt statt.[17]

Natürlich müssen wir die CO_2-Emissionen senken. Aber wir sollten auch alle verfügbaren und verantwortbaren Energiequellen nutzen, um Wohlstand zu sichern und zivilisatorische Entwicklung möglich zu machen, von den Erneuerbaren über die Kernenergie bis hin zum blauen Wasserstoff aus Kohle, Öl und Gas. Wir müssen den ideologischen Feldzug gegen Kernenergie und fossile Energien einstellen und diese Quellen verantwortbar nutzen. Und wir sollten offen sein für neue Technologien wie etwa die Fusionstechnologie. Und wir müssen Energiepolitik aus der Eindimensionalität des Klimaschutzes befreien und Versorgungssicherheit und Bezahlbarkeit wieder den notwendigen Stellenwert geben.

Die Unsicherheit über die möglichen Auswirkungen des CO_2 auf unser Klima ist nach wie vor vorhanden. Doch das Vorsorgeprinzip gebietet bei nicht endgültig gesichertem Wissensstand, alle Maßnahmen zu ergreifen, die in Abwägung mit anderen politischen Zielen vertretbar sind. Insofern geht es in diesem Buch nicht darum, ob wir CO_2 reduzieren sollen oder nicht. Es geht um die Art und Weise, wie wir es tun, wie schnell wir dies tun, und ob die staatlich gesetzten Ziele und Wege andere ermutigen können, unserem Beispiel zu folgen.

Da sind, nicht zuletzt seit dem Ukraine-Krieg, erhebliche Zweifel entstanden, ob Deutschland den richtigen Weg eingeschlagen hat, sich hierzulande allein auf Wind- und Sonnenenergie zu verlassen. Die großen Tabus – die eigene Erdgasförderung, die CO_2-Abscheidung bei Nutzung heimischer Braunkohle und die Weiterentwicklung der Kernenergie – stehen auf dem Prüfstand. Und je länger an diesen Tabus festgehalten wird, desto offensichtlicher wird, dass der bisherige Weg der Energiewende gescheitert ist.

KAPITEL 1

Von unrealistischem Wunschdenken und falschen Annahmen

1. Die Zukunft von Gas, Öl und Kohle

Im Jahre 2000 taufte sich »BP-British Petroleum«, einer der größten Ölkonzerne der Welt, um in »BP-Beyond Petroleum«. Das war zunächst ein reiner Marketinggag[1], um die in den ehemaligen britischen Kolonien nicht beliebte Marke »British« und das weltweit schlechte Image von Petroleum loszuwerden. Das neue Logo mit der gelbgrünen Sonne sollte die neue, umweltbewusste grüne Wachstumsstrategie symbolisieren.

Ich hatte damals auf der Shell-Seite als Vorstand der Deutschen Shell AG die Aufgabe, Investitionen in Solarzellen und die Platzierung von Solardächern auf den gelb-roten Shell-Tankstellen umzusetzen. Beide Marketing-Kampagnen waren einigermaßen erfolgreich. Shell wurde das schlechte Image aus der Brent-Spar-Affäre[2] los und sah es demzufolge nicht mehr als erforderlich an, weiter in das Solargeschäft zu investieren. Auch BP konnte sich aus den Erneuerbaren zurückziehen, hatte allerdings das Pech, mit einem Ölunfall in Alaska 2006[3] und 2010 im Golf von Mexiko (Deep Water Horizon)[4,5] negative Schlagzeilen zu machen.

Shell verkaufte 2006 seine Solarsparte (nach meinem Ausscheiden) an Solarworld[6] (die zehn Jahre später Pleite gingen) und BP, immerhin 2002 noch der zweitgrößte Solarzellenhersteller der Welt, schloss seine Solartochter BP Solar 2011.[7] Beide Ölkonzerne investierten allerdings unverdrossen bis 2012 immer größere Summen in neue Öl- und Gasvorkommen.[8,9,10] Doch nach 2012 hatte sich der Appetit von Investoren, Finanzinstituten und Analysten auf CO_2-trächtige Öl- und Gasexplorationen verflüchtigt.

Vor dem Hintergrund der immer stärker werdenden Forderungen von Klimaaktivisten, dem Weltklimarat IPCC, Medien und Politik nach einer Transformation in grüne, CO_2-freie Investments gingen auch die Investitionen aller westlichen Ölgesellschaften drastisch zurück, bei den europäischen wie Shell, BP, Total oder Repsol stärker als bei den US-amerikanischen wie Exxon, Chevron oder Conoco-Philips. Während Shell 2013 noch 40 Mrd. Dollar in Exploration neuer Öl- und Gasfelder investierte, waren es 2020 noch gerade zehn Mrd. Dollar.[9] Ein wachsender Anteil wurde in Elektrizität und erneut in Erneuerbare Energien investiert.

Das hatte Folgen.

Gestrandete Aktiva

Energie, vor allen Dingen aus Öl, Gas und Kohle, ist ein zyklisches Geschäft. Knappheiten im Angebot lassen die Preise steigen, Energiekonzerne machen steigende Profite und veranlassen Energiekonzerne zu neuen Investitionen in Gas, Öl und Kohle, um den steigenden Bedarf zu befriedigen. Übersteigt das Angebot die Nachfrage, etwa auf Grund eines konjunkturellen Abschwungs, so fallen die Preise, Investitionen gehen zurück. Nach einiger Zeit beginnt der Zyklus erneut.

Dieser Zyklus ist durch die bereits erwähnte ESG-Politik, die von Investoren und Nationen gefordert wurde, außer Kraft gesetzt worden.[11]

Die Forderung nach ESG-konformem Verhalten von Unternehmen hat sich immer mehr auf die alles bestimmende, zentrale Frage nach der Klimarelevanz verengt. Die herausragende Bedeutung der Klimabelange hat die Finanzmärkte dazu gebracht, dass immer weniger Kapital in CO_2-lastige Investitionen zur Aufsuchung von Öl, Gas und Kohle gesteckt wurde.

Mark Charney, bis 2020 Chef der Bank of England und Mitbegründer des Welt-Economic-Forums in Davos, steht mit seiner Aussage für viele Führer in der Finanz- und politischen Welt: »Fossile Brennstoffe – die mehr als 80 % der weltweiten Primärenergieversorgung ausmachen – sind ›gestrandete Aktiva‹, die auf dem Weg zum Nullwert sind, während die Welt bis zum Jahr 2050 ›netto null (Kohlenstoffemissionen)‹ erreicht«.[12]
Bei der Kohle führte das sogar zum Abspalten und Verkauf der Kohleaktivität großer Rohstoffkonzerne wie Anglo-American[13] oder BHP[14]. Shell ist nach einem Urteil eines niederländischen Gerichts gezwungen, fast die Hälfte seiner Ölsparte aufzugeben. Obwohl der Konzern jahrelang großzügig Klimaaktivisten unterstützte, wurde er von sieben Umweltschutzverbänden verklagt und durch das Gericht in Den Haag verurteilt, bis 2030 den CO_2-Ausstoß nicht nur in der Produktion, sondern auch bei den Öl- und Gaskunden um 45 % zu verringern.

Exxon Mobil wurde durch eine Initiative des Hedgefonds Engine Nr. 1 gezwungen, drei Sitze im Aufsichtsrat des Unternehmens mit Klimaaktivisten zu besetzen, um eine Wende in Richtung Erneuerbare Energien zu bewirken. Bisher war Exxon strikt dagegen, in Wind und Solarenergie zu investieren.[12,15] Exxon hatte statt in neues Öl- und Gasgeschäft oder in Erneuerbare zu investieren, hohe Gewinne ausgeschüttet oder eigene Aktien zurückgekauft (siehe Abbildung 1).

Am Anschlag

Zunächst aber merkte niemand etwas von den fehlenden Investitionen in Öl, Gas und Kohle. Denn die Covid-Pandemie von 2020 verursachte einen Nachfrageeinbruch, wie ihn die Welt bislang nicht erlebt hatte. Ölpreise brachen ein. Im April 2020 notierte Öl bei negativen −37,63 US-Dollar. Man bekam also Geld für den Kauf von Öl, weil die Lager überquollen. Eineinhalb Jahre später war der Ölpreis bei über 100 bis 120 Dollar,

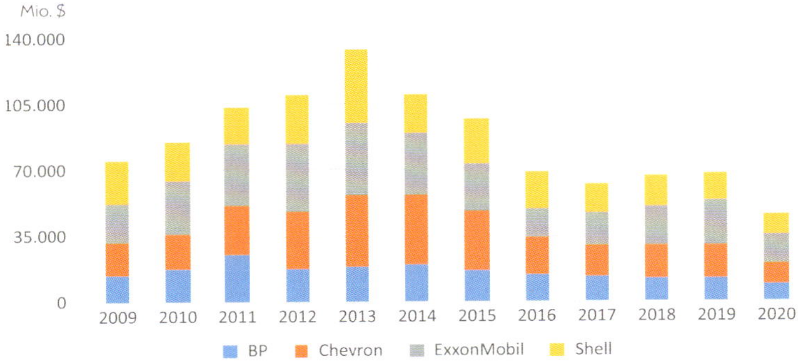

1 Rückgang der Investitionen der vier größten Ölkonzerne
Trotz des wachsenden weltweiten Bedarfs an Öl und Gas sinken die Investitionen für neue Vorkommen bei den westlichen börsennotierten Energiekonzernen.[10]

doppelt so hoch wie vor der Pandemie, und der Gaspreis auf einem Allzeithoch von 100 Dollar pro MWh fünfmal so hoch,[16, 17] und dies geraume Zeit vor dem russischen Einmarsch in die Ukraine. Die seit 2014 heruntergefahrenen Investitionen machten sich nach der Pandemie bemerkbar. 2020 wurden von den vier größten Ölkonzernen Exxon, Chevron, Royal Dutch Shell und BP nur noch 50 Mrd. US Dollar investiert, im Vergleich zu 160 Mrd. 2013.[10]

Dazu beigetragen haben neben den ESG-Regeln der Finanzmärkte auch die Staaten selbst. Großbritannien hat unter der Regierung Boris Johnson lange Zeit neue Gas- und Ölexplorationsgenehmigungen in der Nordsee verzögert. Noch im Januar 2022 untersagte die Umweltbehörde die Genehmigung für das Jackdaw-Gasfeld in der Nordsee[18]. Erst unter dem Eindruck des Ukraine-Krieges wurden neue Felder wieder genehmigt.[19] In Deutschland ist das Verbot von Schiefergas-Fracking seit 2017 in Kraft.[20] Schon am ersten Tag seiner Amtszeit unterschrieb US-Präsident Joe Biden eine »executive order«, indem er die meisten Entscheidungen seines Vorgängers Donald Trump zur Erleichterung der Öl- und Gasförderung in den USA aufhob. Unter anderem widerrief er die Genehmigung der Keystone Pipeline, die Öl aus Kanada in die USA transportieren sollte. Im Februar 2022 stoppte er die Verpachtung von öffentlichem Grund für neue Öl- und Gasfelder. Insgesamt ergriff er über 80 Maßnahmen, die gegen die Öl- und Gasindustrie gerichtet waren.[21]

Der ökologische Feldzug gegen die Öl- und Gasindustrie wird die Förderung auf Jahre zurückgehen lassen. »Falls nicht wesentlich mehr Kapital in Öl- und Gasexploration fließen wird, wird die Produktion über 30 % bis 2030 fallen«, schrieb Mitte 2021 die Internationale Energieagentur IEA.[11] Der Investitionsstau gilt nicht für die Staatlichen Ölgesellschaften Russlands, Chinas, Brasiliens oder der arabischen Staaten.

Amin Nasser, der CEO des größten Ölkonzerns der Welt, Saudi Aramco, sagte im Mai 2022, dass wir zurzeit weltweit lediglich mit einem Puffer von 2 % Ölförderkapazität ausgestattet seien: »Der russisch-ukrainische Krieg verdeckt, was ohnehin passiert wäre« – nämlich steigende Ölpreise. Nasser weiter: »Wir befanden uns in einer Energiekrise, weil es an Investitionen mangelte. Und nach der Pandemie begann sie sich auszuwirken.«[22]

Aber auch die Staatsgesellschaften der OPEC sind am Anschlag. Von den 100 Mio. Barrel, die jedes Jahr mit immer noch steigender Tendenz weltweit verbraucht werden, stammt ein Drittel von OPEC-Staaten. Die freie, zusätzlich lieferbare Kapazität beträgt den Rohstoffexperten Goehring und Rozencwajg zufolge gerade mal 2,8 Mio. Barrel[11], was bei einer wirtschaftlichen Erholung nicht mehr ausreichen würde, selbst wenn es Russland gelingen würde, seine boykottierte Ölmenge auf dem Weltmarkt, etwa in China und Indien unterzubringen.

Russland fällt für eine Erweiterung der Kapazität für den Westen vorerst aus, die Boykotte an Maschinen und Kapital werden es zudem dem Land sehr schwer machen, neue Ölförderungen zu erschließen. Dabei wäre Russland in der Lage, die Knappheit an Öl zu beenden. Bislang beruhte das Wachstum an russischer Ölförderung im Wesentlichen in der besseren Ausnutzung der schon seit der Sowjetzeit bestehenden Ölquellen.

Aber der größte Anteil der auf 100 Mrd. Barrel Öl geschätzten Reserven liegt in den westlichen sibirischen Feldern und dem Vostok-Ölfeld einige Hundert km nördlich des Polarkreises auf der Taymir-Halbinsel. Die Investition würde 170 Mrd. Dollar verschlingen, aber die Produktion für mehr als die nächsten 25 Jahre absichern.[23, 24] Nach Goehring und Rozenzwajg soll das Kapital aufgrund der US-Sanktionen durch China und Indien bereitgestellt werden, nachdem westliche Beteiligungsgesellschaften im Mai 2022 ausgeschieden waren.[25] Der Ölterminal Bukta Sever in der Jenissei-Bucht ist bereits im Bau und soll 2024 die ersten Barrel Öl in die Welt liefern.

Die Sanktionen gegenüber russischen Öl- und Kohleexporten hat die Lage auf den Energiemärkten seit Februar 2022 verschärft, doch die Preisrallye der Energie begann schon nach dem Ende der Pandemie Mitte 2021. Bis Ende 2021, also noch vor dem Beginn des Ukraine-Krieges, war der Ölpreis auf 100 Dollar gestiegen, der Erdgaspreis hatte sich in Europa vervierfacht, nur der Gaspreis in den USA machte eine Ausnahme wegen des Überangebots an preiswertem Fracking-Gas und der damit verbundenen Vollversorgung der USA mit eigenem Gas.

Der amerikanische Präsident Joe Biden, ohnehin in Meinungsumfragen angeschlagen, gab im März 2022 180 Mio. Barrel Öl aus der strategischen Ölreserve frei, um die Knappheiten zu dämpfen und den Ausfall importierten russischen Öls zu kompensieren.[26] Der öffentliche Druck wurde zu groß. Noch im Wahlkampf im Jahr 2020 hatte er erklärt, die Ölindustrie dichtmachen zu wollen.[27]

In Saudi-Arabien bettelte der amerikanische Präsident um eine höhere Ölförderung der Saudis.[28] Sogar Venezuela und Iran werden Avancen gemacht, um den Preisschock an den US-Tankstellen zu dämpfen. Doch der saudi-arabische Aramco-Ölkonzern ist am Anschlag. Rohstoffanalysten schätzen, dass Saudi-Arabien allenfalls 400 000 Barrel pro Tag (Förderung 2022: 10,1 Mio. Barrel pro Tag) zusätzlich zu fördern in der Lage ist, so dass der ansteigende Bedarf nicht gedeckt werden kann.[29]

Aus diesen Gründen und als Retourkutsche auf Ankündigung von US-Präsident Biden im amerikanischen Wahlkampf, Saudi-Arabien zum »Paria-Staat« zu machen, unterstützte Saudi-Arabien im Oktober 2022 den OPEC-Beschluss, die Ölförderung um zwei Mio. Barrel zu senken.[30] Nach der Ermordung des saudischen Journalisten Jamal Kashoggi durch Saudi-Arabien hatte nämlich Joe Biden im Wahlkampf verlangt, dass das Land für den Mord »einen Preis zu zahlen« hätte und geächtet werden sollte.[31] Im Ergebnis stiegen die Ölpreise im Oktober 2022 wieder, was Russland im ukrainischen Krieg nutzte und Biden bei den Midterm-Wahlen im November schadete. Denn eines mögen US-amerikanische Wähler nicht: steigende Benzinpreise an der Tankstelle.

Netto-Null

Der Markt verlangt nach mehr Öl und Gas. Doch kaum nachvollziehbar ist, dass so wenige Politiker, Analysten und Ökonomen darauf vorbereitet waren. Jahrelang machte die Internationale Energieagentur (IEA) in ihren Jahresberichten Schlagzeilen mit der Aussage, dass der Nachfragepeak kurz bevorstehe und dass erneuerbare Energien und elektrische Fahrzeuge die Nachfrage nach Öl drosseln würden. Auch der angesehene Energieausblick der BP (Energy Outlook 2020) erweckte noch 2019 den Eindruck, dass die Spitze der Ölnachfrage (Peak-Oil) bereits erreicht sei.[32, 33]

Wohlgemerkt geht es in den mittlerweile als überholt geltenden Prognosen von BP, aber auch von Shell und der internationalen Energieagentur IEA um den Rückgang der Nachfrage, nicht um den Rückgang der Produktion wie zu Anfang des Jahrhunderts, als die von vielen Ölanalysten verbreitete These des Peak-Oil das baldige Ende der Förderung voraussagte. Der nunmehr postulierte Nachfragerückgang ist in allen Energiestudien abgeleitet aus dem Klimazielen des Weltklimarates, wonach 2050 eine Netto-Null-CO_2-Emission erreicht werden müsse.

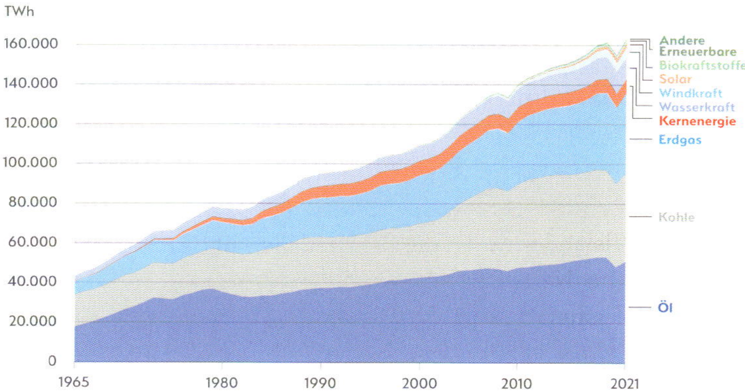

2 Entwicklung des weltweiten Primärenergieverbrauchs in Terawattstunden (TWh). Andere Erneuerbare enthalten Geothermie, Biomasse und Müllverbrennung.[39]
Quelle: BP Statistical Review of World Energy

Demzufolge forderte die Energieagentur IEA in ihrem Bericht vom Mai 2021 »Netto-Null in 2050«[34] ein Verbot von Öl- und Gasheizungen weltweit ab 2025, das Aus für den Verbrennungsmotor ab 2035 und den sofortigen Stopp des Neubaus von Kohlekraftwerken. Man wundert sich, wie die einstmals sehr anerkannte Energieagentur der Industrieländer OECD sich in das Land der Wünsche und Träume verstiegen hat und die Interessen der nach Energie begehrenden Entwicklungsländer vernachlässigt. Der Schwenk der IEA zu grünen Zielen erfolgte auf massiven Druck von 60 Klimaaktivisten, die 2020 die IEA aufforderten, ein Referenzszenario zu entwerfen, das kompatibel mit einer Begrenzung der Erderwärmung auf 1,5 Grad Celsius wäre. Zu den Unterzeichnern gehörte die frühere Klimabeauftragte der Vereinten Nationen, Christina Figueres, und der Vorstandschef des Versicherungskonzerns Allianz, Oliver Bäte.[35]

IEA-Chef Fatih Birol kam mit seinem Netto-Null-Bericht aber nicht nur Aktivisten entgegen, sondern den 31 Mitgliedsländern, die alle zwei Jahre durch ein Treffen der Regierungsvertreter die politische Richtung vorgeben.[36] Bis 2017 war der deutsche Vertreter der grüne Staatsekretär Rainer Baake[37], bis 2021 Wirtschaftsminister Peter Altmaier (CDU), seit 2021 ist die Vertretung in Händen des grünen Wirtschaftsministers Robert Habeck. Die IEA ist also keineswegs eine unabhängige Institution von Energieexperten, sondern spiegelt die energiepolitischen Positionen der Mitgliedsländer wider, die sich fast alle – als Industrieländer – dem Ziel von Netto-Null-CO_2 in 2050 verschrieben haben. Da überrascht es auch nicht, wenn der Agentur-Chef Birol im Sommer 2022 zur Lösung der Energiekrise die Forderung der Grünen nach einem Tempolimit auf deutschen Autobahnen unterstützte.[38]

Ist Netto-Null denn überhaupt realistisch? Zunächst vernachlässigten die IEA-Studien, dass der weltweite größte CO_2-Emittent China ein solches Ziel erst für 2060 avisiert, ebenso wie Indien und die größten Ölförderländer Saudi-Arabien, aber auch Russland 2060 als Ziel für Netto-Null ausgegeben haben. Zum zweiten wird der Energiehunger der sich entwickelnden Welt dramatisch unterschätzt. Vergessen wird auch, dass bis 2050 allein 2 Mrd. Menschen auf der Welt hinzukommen, die Energie und Güter, die auf Energieverbrauch beruhen, benötigen. Nach wie vor liegt der Anteil der fossilen Energien an der Primärenergie bei 84 %, CO_2-freie Kernenergie und Wasserkraft bei 10 %, sowie Wind und Solar bei 3,3 %. Der weltweite bemerkenswerte Zuwachs an Wind- und Solarenergie reichte nicht aus, den zusätzlichen Energiehunger der letzten zehn Jahre auszugleichen. Die fossilen Energien stiegen in diesem Zeitraum viermal so stark an wie Wind und Solarenergie (siehe Abbildung 2).[39]

Unrealistisches Wunschdenken

Mittlerweile sind die neuesten Berichte von BP und einem weniger »grünen« Ölkonzern, Conoco-Philips, den wir in Deutschland unter dem Namen Jet als Tankstellenkette kennen, allesamt vorsichtiger geworden. Allen Berichten ist nun gemeinsam, dass sie in ihren realistischen Szenarien mit einem Anstieg des Ölverbrauchs in diesem Jahrzehnt rechnen, einen starken Gasverbrauchsanstieg bis ins nächste Jahrzehnt voraussehen und einen Rückgang der Kohle auf etwa eine Halbierung erst für 2040 prognostizieren.

Das heißt aber, dass die Dinge sich von der heutigen Knappheit mit hohen Preisen zu noch größeren Versorgungsschwierigkeiten in den nächsten Jahren entwickeln werden. Denn die essenzielle Frage einer preiswerten Energieversorgung, die sowohl für den Wohlstand der Nationen als auch für die Entwicklung vieler ärmerer Länder ausschlaggebend ist, führt nicht zu den so notwendigen Investitionen in fossile Energien. Energieunternehmen lauschen ihren kritischen Aktionären und vermeiden es, neue Quellen fossiler Energie zu erschließen.

Fatih Birol, Chef der IAE, gibt in unverantwortlicher Weise den Ton an. Seiner Meinung nach sind Investitionen in Öl-, Gas- und Kohlefelder »stranded investments«: »Es gibt keine Notwendigkeit für neue Investments in Öl- und Gasfelder oder neue Investments in Kohleminen«.[40] Der UNO-Generalsekretär António Guterres machte sich solche Phantasien, wie so viele politische Führer, zu eigen: »Die Hauptemittenten müssen die Emissionen drastisch senken, und zwar sofort. Dies bedeutet, dass wir schneller aus der Abhängigkeit von fossilen Brennstoffen aussteigen und den Einsatz von sauberen erneuerbaren Energien beschleunigen müssen.«[41]

Gute, unabhängige Expertise über den Energieverbrauch und die Entwicklung der fossilen und CO_2-freien Energieträger ist rar. Auch der renommierte BP Energy Outlook nimmt die CO_2-Forderungen des IPCC als Ausgangspunkt seiner Energieszenarien (siehe Abbildung 3). Die Szenarien, die sich an den Forderungen des IPCC orientieren und für 2050 CO_2-Emissionen von nahe Null bis ein Viertel der heutigen Emissionen verlangen, gehen davon aus, dass von 2025 bis 2030 der Energieverbrauch der Welt zurückgeht. Wir verfolgen diese Szenarien nicht weiter, weil sie völlig unrealistisches Wunschdenken wiedergeben.

Realistischer erscheint das Szenario New Momentum, das wenigstens noch einen Energieverbrauchszuwachs (in den Entwicklungsländern) von etwa 10 % zulässt. Aber selbst auf diesem Pfad geht BP davon aus, dass der Ölverbrauch nicht weiter anwachsen wird und von 100 Mio. Barrel am Tag auf 80 Mio. Barrel 2050 zurückgehen wird, weil sparsamere Fahrzeuge und die Elektromobilität sich verbreiten (siehe Abbildung 3). In diesem Szenario steigt der Gasverbrauch um weitere 25 %.

BP vergisst nicht zu erwähnen, dass 20 % des Öls zu Produkten wie Kunststoffen, Farben, Beschichtungen, Textilien, Dämmstoffen oder Arzneimitteln verwendet werden. Dass selbst in diesem realistischeren Szenario die Menge dieser Produkte in einer wachsenden Welt nicht wesentlich zunehmen soll, ist wenig nachvollziehbar. Dies passt aber in eine Gedankenwelt, in der Wachstum und Wohlstand in einer Welt mit weiteren zwei Mrd. Menschen hinter die Erreichung von Klimazielen zurückzutreten haben.

Unterschiedliche Denkschulen

Die westlichen Denkschulen von BP, Shell und IEA in Verbindung mit deren Staaten USA, England und Europa haben eins gemeinsam: Kohle und Öl müssen auf Null gebracht werden, Gas ist eine Übergangsenergie und das Ziel ist eine Energieversorgung durch Wind, Sonne und Kernenergie. Da man natürlich weiß, dass Sonne und Wind unzuverlässige Gesellen sind, will man dieses Problem durch eine extreme Überproduktion von Sonne und Windenergie lösen, die über grünen Wasserstoff und eventuell über eine neue Batteriegeneration zwischengespeichert werden soll. Die Welt der Energie ist nur noch elektrisch. So versucht man den um 20 % steigenden Energiebedarf[43] einer wachsenden Menschheit mit den Null-CO_2-Zielen des Weltklimarats für 2050 zu harmonisieren.

Die andere Denkschule findet man in Südostasien, Japan, China und dem Mittleren Osten. Der Ansatz ist gekennzeichnet von

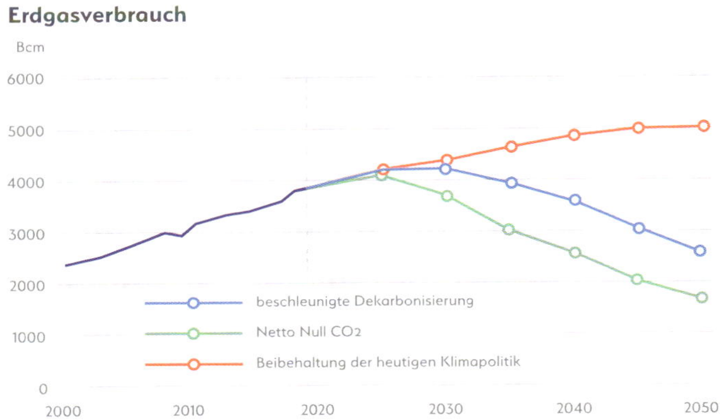

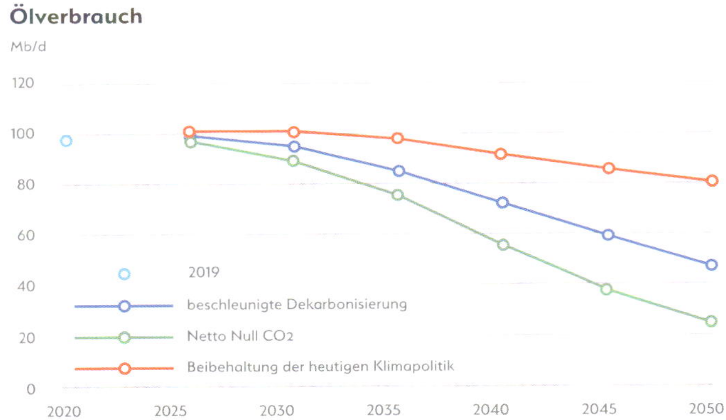

einer anderen Bewertung der fossilen Energien. Selbstverständlich wollen die Energieszenarien dieser Länder auch die Erneuerbaren Energien und die Kernenergien ausbauen. Aber sie sind weit davon entfernt, sich von den fossilen Energieträgern zu lösen, sondern sie wollen sie weiter nutzen, aber CO_2-arm machen.

Sie setzen beispielsweise statt auf grünen Wasserstoff, der aus der Elektrolyse von Wasser durch Strom aus erneuerbaren Energien erzeugt wird, auf blauen Wasserstoff aus Kohle, Öl und Gas. Er wird hergestellt, indem diese fossilen Energieträger mit Wasserdampf zur Reaktion gebracht werden. Dadurch entstehen am

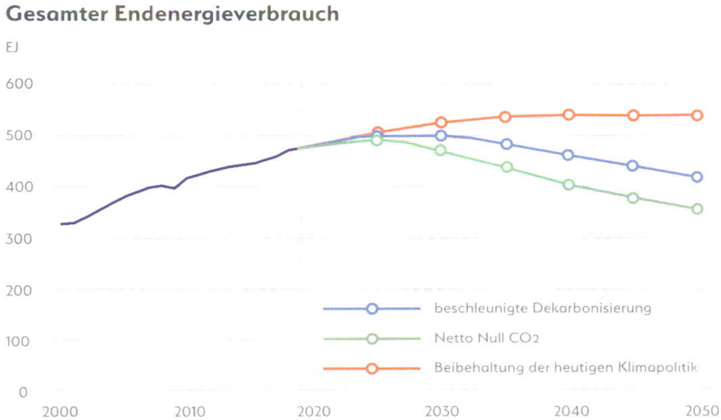

3 Der zukünftige weltweite Endenergieverbrauch (o.), der Ölverbrauch (l. u.) und der Gasverbrauch (l. o) in den jeweiligen Szenarien des BP Energie Ausblicks

Beibehaltung der Klimapolitik bedeutet minus 10 % CO_2, beschleunigte Dekarbonisierung bedeutet minus 75 % CO_2, Netto Null bedeutet minus 95 % CO_2 bis 2050[42].

E J (ExaJoule) = 277 TWh, Mb = Million barrel, Bcm = Milliarde Kubikmeter

Ende Wasserstoff und CO_2, das man aus dem Abgasprozess entfernt (CCS) oder zur Herstellung von Kohlenwasserstoffen (CCU) nutzt. Letztere werden zur Herstellung von Kunststoffen oder anderen Produkten benutzt, die sonst aus Öl direkt hergestellt wurden. Der Energie-Ausblick 2022 des renommierten japanischen Instituts für Energieökonomie (IEE Japan) bringt diesen grundlegenden Methodenunterschied auf einen Punkt: »Fossile Brennstoffe sind an sich nichts Schlechtes, und die Verwendung kohlenstoffarmer Brennstoffe kann mit der Reduzierung von Emissionen in Einklang gebracht werden«.[44]

Während man in den westlichen Industriegesellschaften Kohle, Öl und Gas als Feindbilder einer kapitalistischen Gesellschaft identifiziert hat, sehen der Mittlere und der Ferne Osten die zukünftige Energiewelt aus einer anderen Perspektive. Natürlich hat das zu tun mit den Ausgangsbedingungen. Japan ist ein Land, das eine Knappheit nicht ändern kann: seine Fläche. Japan ist bewusst, dass Erneuerbare Energien im Vergleich zu fossilen Energieträgern und der Kernenergie einen unermesslich höheren Flächenbedarf habe.

Der Platzbedarf von Windkraftwerken ist etwa 1000 Mal so groß wie die Fläche eines Kernkraftwerkes, wenn man die gleiche elektrische Arbeit zum Maßstab nimmt. Ohne Kernenergie und Import von Öl, Gas, Kohle oder Wasserstoff wird Japan seinen Energiebedarf nie befriedigen können. Die Regierung wusste schon, warum sie nach Fukushima nicht den deutschen Weg verfolgte, sondern sehr schnell zurück zur Kernenergie fand.

China wiederum sitzt auf einem riesigen Kohle- und Schiefergasschatz. Da liegt es nahe, dass das Land eher einer Energiestrategie zuneigt, die die erforderliche CO_2-Absenkung mit den nationalen Interessen in Einklang bringt. So ist es nicht überraschend, dass China die Abscheidung und Sequestrierung (Deponierung im tieferen Untergrund) von CO_2 in großem Stil vorantreibt. So wurden 2022 allein für die Region Shanghai mit CO_2-Emissionen von 1,7 Mrd. Tonnen CO_2, davon der überwiegende Teil aus Kohlekraftwerken, salzwasserführende Sedimentgesteine im chinesischen Meer vor Hongkong identifiziert. Dort sei Raum für 624 Mrd. Tonnen CO_2, so Wissenschaftler der chinesischen Petroleum-Universität von Tsingtao, »was für 367 Jahre der stationären Emissionen« der Region reichen würde.[45]

Zum Vergleich: Deutschland ist nicht in der Lage, für seine 0,7 Mrd. Tonnen CO_2 eine sichere Verpressung im Tiefengestein, beispielsweise unter der Nordsee, auch nur zu untersuchen. Am 17. Juni 2022 wurde das erste größere CO_2-Sequestrierungprojekt in China fertiggestellt. Noch sind es nur 0,3 Mio. Tonnen, die jährlich im Enping-Ölfeld untergebracht werden.[46] Aber es besteht kein Zweifel, dass China diese Methode vorantreiben wird, um sein Versprechen, 2030 den Höhepunkt der CO_2-Emissionen hinter sich zu lassen, einhalten zu können.

Chinas Fünf-Jahres-Plan 2021 bis 2025, der im März 2022 veröffentlicht wurde, sieht für 2025 mehr als 4,6 Mrd. Tonnen Kohleförderung vor. In 2020 wurden noch 3,9 Mrd. Tonnen produziert. Die Differenz ist schon atemberaubend. Es entspricht einem Zuwachs an CO_2-Emission von 2,5 Mrd. Tonnen CO_2, dem Vierfachen der Gesamtemission Deutschlands.[47,48] Ohne CO_2-Sequestrierung ist jedenfalls das Ziel von Staatschef Xi Jinping, »ein sauberes, kohlenstoffarmes und sicheres und hocheffizientes« Energiesystem zu erreichen, nicht viel mehr als ein Marketing-Spruch.[47]

Auch bei den Ölstaaten des Mittleren Ostens ist es erwartbar, dass sie sich eher auf eine CO_2-Abscheidestrategie einlassen, als ihre Bodenschätze im Wüstensand zu belassen. Das bedeutet ja nicht, dass sie nicht auch eine stärkere Nutzung von Wind und vor allen Dingen Solarenergie ins Auge fassen. Dabei lassen sie sich aber von rein ökonomischen Faktoren antreiben. Wenn es sich rechnet, machen sie es. Ihnen ist es nie in den Sinn gekommen, Wind und Sonne um ihrer selbst willen zu fördern wie Deutschland, das über 20 Jahre über 500 Mrd. Euro Subventionen in die Installation von Wind- und Sonnenenergieanlagen gesteckt hat.

Amin Nasser, der CEO von Saudi Aramco, dem größten Ölkonzern der Welt, kritisierte im März nach dem Einmarsch Russlands in die Ukraine das westliche Gruppendenken, »dem es an Verständnis für das Energiegeschäft oder für das Ausmaß und die Komplexität der Herausforderungen mangelt. Wenn alternative Energiequellen die Last hätten schultern können, hätten sie es getan. Aber der Ehrgeiz ist der Realität immer noch weit voraus«.[49] Und mit einem Seitenhieb auf US-Präsident Biden, der im eigenen Land die Öl- und Gasförderung erschwerte und von den Saudis erhöhte Produktion erbat: »Während die Investitionen in Öl und Gas zurückgehen, wird von unserer Industrie verlangt, die Produktion zu steigern«.[49]

Im Jahresbericht von Saudi Aramco ist die zum Westen unterschiedliche Energiedenkweise klar nachzulesen.[50] Bis 2030 will Saudi-Arabien zum führenden Gas-Produzenten der Welt werden durch eine 110-Mrd.-Dollar-Investition in das größte Schiefergasprojekt außerhalb der USA am Standort Jafurah, unweit des größten Ölfeldes der Welt, Ghawar.[51] Die Verringerung des CO_2-Ausstoßes soll mittelfristig mit blauem Wasserstoff auf Erdöl und Erdgasbasis erfolgen. Der Wasserstoff soll in Form des Wasserstoffträgers »blaues Ammoniak« exportiert werden.

Allerdings, so Nasser, wird es vor 2030 keinen blauen Ammoniak für den Export geben.[50] Er dämpft damit alle Spekulationen, die schon in den nächsten Jahren auf Wasserstoff- oder Ammoniakimport nach Deutschland setzen. Nasser verfolgt beides: Investitionen zur Erschließung fossiler Quellen und in neue Energien. Das sind für ihn Kernenergie und Erneuerbare, um den wachsenden Energiebedarf zu decken.

Die Dämonisierung der Öl- und Gasindustrie, so Nasser, führt zu einer Öl- und Gaslücke. Die Ölförderländer haben nur noch eine freie Kapazität von 2 % des Weltbedarfs, wenn nicht neue Vorkommen erschlossen werden.[49] Nasser: »Der Russisch-Ukrainische Krieg verdeckte, was ohnehin passiert wäre. Wir gehen durch eine Energiekrise auf Grund zu geringer Investitionen. Und es begann spürbar zu werden nach der Pandemie«. Und weiter: »Wenn Du keinen Plan B fertig hast, dämonisiere nicht Plan A.«[52]

China, Indien, die Ölstaaten, Russland und Japan unterscheiden sich im Tempo und in der Auswahl der Technologien von den Zielen westlicher Staaten. Es ist den europäischen Politikern, die über Wohl und Weh unserer zukünftigen Energieversorgung zu entscheiden haben, zu empfehlen, einen Blick in den bereits erwähnten japanischen Bericht aus dem Jahre 2022 (IEEJ outlook 2022) zu werfen.

Wir tun es für Sie und stellen die von der westlichen Denkschule abweichende Energiestrategie Japans vor.

Im Unterschied zu allen Analysen der Internationalen Energieagentur, der BP oder der Shell erwartet das Japanische Institut

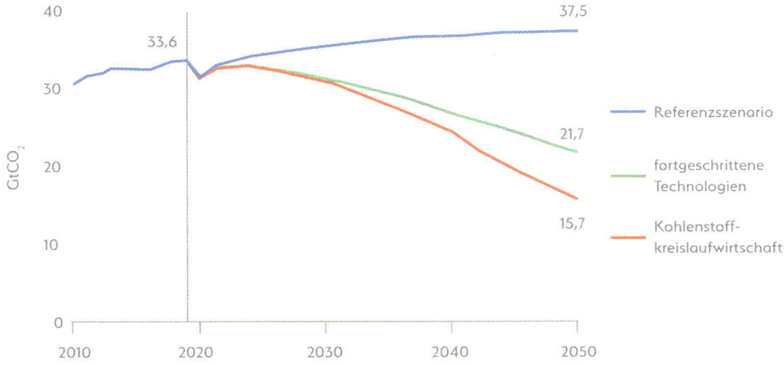

4 Weltweite CO_2-Emissionen
Das Institute for Energy Economy Japan (IEE)[53] erwartet in seinem wahrscheinlichsten Referenzszenario einen weiteren Anstieg der CO_2-Emissionen bis 2050. Bei Anwendung aller heute möglichen CO_2-Vermeidungstechnologien wird die CO_2-Emission um ein gutes Drittel reduziert (fortgeschrittene Technologien). Ein noch stärkerer Ausbau der Anwendung blauen Wasserstoffes und CCS führt zu einer Halbierung der CO_2-Emissionen (Kohlenstoffkreislaufwirtschaft).

für Energiewirtschaft IEE in seinem wahrscheinlichsten Szenario aus dem Jahre 2021 einen leichten Anstieg der CO_2-Emissionen (siehe Abbildung 4). Selbst in den ambitionierten Szenarien (advanced technologies und circular economy), die eine Verringerung der CO_2-Emissionen um ein Drittel bzw. die Hälfte (siehe Abbildung 4) erwarten lassen, wird der Anteil der fossilen Primärenergien Kohle, Öl und Gas im Jahre 2050 bei 60 % liegen (heute noch 80 %, siehe Abbildung 5).

Dieser sinkende Anteil trotz steigenden Energieverbrauchs insgesamt wird vornehmlich durch den Ausbau der Kernenergie und der Erneuerbaren erfolgen. Dass die CO_2-Emissionen trotzdem stärker sinken, liegt an einem massiven Ausbau von CCS und blauem Wasserstoff. Japans Energie-Institut IEEJ sieht Kohle, Öl und Gas unideologisch: »Fossile Energien sind nicht böse, sie können durch Dekarbonisierung zur Verringerung der Emissionen führen«.[55] Japanische Automobilfirmen setzen auf emis-

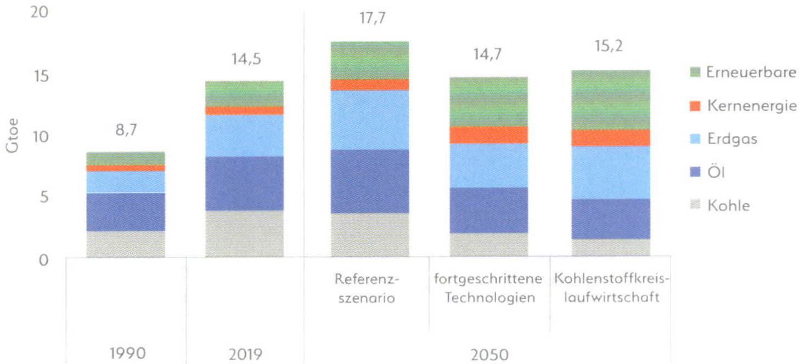

5 Weltweiter Primärenergieverbrauch bis 2050
in den verschiedenen Referenzszenarien (s. Abb. 4) des japanischen Energieinstituts. Im Erdgas ist das synthetisch erzeugte Methan enthalten.[54]
1 Gtoe = 1 Milliarde t Öl

sionsfreie synthetische Kraftstoffe. Der japanische Staat hat im April 2022 rund eine Milliarde Dollar für die Entwicklung solcher Kraftstoffe zur Verfügung gestellt.[56]

Japan setzt auf blauen Wasserstoff. Ein japanisches Konsortium hat in den Vereinigten Arabischen Emiraten eine Anlage gebaut, um Wasserstoff aus Erdgas abzuspalten.[57] Das dabei entstehende CO_2 wird in Ölquellen zur Druckerhöhung bei der Förderung eingesetzt. Der Wasserstoff wird zu Ammoniak umgewandelt und nach Japan transportiert. Dort wird das Ammoniak zur Stromerzeugung verbrannt. Die dabei massiv entstehenden Stickoxide werden abgeschieden. Japan importiert bereits grauen Wasserstoff aus Australien und aus Brunei.

Die Aufteilung auf die verschiedenen Primärenergiequellen (siehe Abbildung 5) zeigt in allen Szenarien, dass weltweit der Einsatz von Kohle zurückgeht, Öl bedeutend bleibt und der Zuwachs im Wesentlichen durch Gas und Erneuerbare abgedeckt wird. Die in allen Szenarien verbleibende starke Stellung der Kohle überrascht, da immerhin 40 Länder auf der Weltklimakonferenz Ende 2021 in Glasgow zugesagt haben, nicht mehr in neue Kohlekraftwerke zu investieren und alte Kohlekraftwerke schrittweise stillzulegen.[58] China, Indien, USA und Russland gehörten aber nicht zu den Unterzeichnern. Zwei Drittel aller Kohlekraftwerke stehen in China, Indien und den USA.[59]

Das Verharren der Kohle auf hohem Niveau ist insbesondere den Kohleländern China, Indien und Südostasien geschuldet. Die Kohleflotte in diesen Regionen ist sehr jung und wird sogar noch in diesem Jahrzehnt erweitert. Von den 1100 GW Kohleflotte in China sind über 90 % zwischen 2000 und 2021 gebaut worden, mehr als die Hälfte ist jünger als zehn Jahre.[60] 200 neue Kraftwerke sollen noch hinzukommen.

Das Durchschnittsalter aller Kohlekraftwerke in China ist 13 Jahre, in Asien 16 Jahre, in Europa 35 Jahre und in den USA 40 Jahre.[61] Auf Grund des Zubaus wäre das Durchschnittsalter der Kohlekraftwerke in den Entwicklungsländern (einschließlich China und Indien) 2050 immer noch nur bei 25 Jahren. Da ist es wenig wahrscheinlich, dass China und die Entwicklungsländer Kraftwerke 2050 mit einem Alter von weniger als 40 Jahren abstellen.

Umso wichtiger wäre es, in Deutschland und Europa die Technologien zur Abscheidung und Tiefenverpressung von CO_2 aus Kohlekraftwerken zu entwickeln, damit sie auch in den Entwicklungsländern zur Anwendung kommen (siehe Kapitel 4).

Der Zuwachs an Primärenergie findet ausschließlich in den Entwicklungsländern (einschl. China) statt. In den Industriestaaten geht der Energieverbrauch leicht zurück. (siehe Abbildung 6).

Es besteht auf jeden Fall ein bemerkenswerter Kontrast zwischen der Politik der meisten westlichen Staaten, die ihren Bürgern suggerieren, dass bis 2050 oder noch früher der Energiebedarf zu 100 % durch Erneuerbare Energien befriedigt werden kann, und der Politik der südostasiatischen Staaten und dem Nahen Osten, die immerhin für den Großteil der CO_2-Emissionen verantwortlich sind. Das Vorreiterprinzip (»Wenn wir vorangehen, folgen die anderen unserem Weg«) lässt sich jedenfalls bislang nicht erkennen.

Reserven und Ressourcen

Doch gibt es überhaupt genügend Kohle, Erdöl oder Gas, um den Energiebedarf über 2050 hinaus zu befriedigen?

Die einfache Antwort lautet: ja!

Die deutsche Bundesanstalt für Geowissenschaften (BGR) gibt jährlich eine Energiestudie heraus, in der die Reserven und Ressourcen an fossilen Energieträgern erhoben werden. Reserven sind dabei die nachgewiesenen Energierohstoffmengen, die zu heutigen Preisen und mit heutiger Technik wirtschaftlich gewinnbar sind. Unter Ressourcen versteht die Bundesanstalt die heute technisch/wirtschaftlich nicht gewinnbaren Vorkommen sowie geologisch mögliche, künftig gewinnbare Energierohstoffmengen.

Der Unterschied zwischen Reserven und Ressourcen ist bei allen konventionellen Energieträgern gewaltig.

Die Braunkohlevorräte reichen nach BGR bei gleichbleibendem Verbrauch noch 330 Jahre, bei der Steinkohle 110 Jahre.[63] Bei Ausschöpfung der Ressourcen beträgt die Reichweite 3800 Jahre bei der Braunkohle und 2400 Jahre bei der Steinkohle.

Die Ölreserven reichen bei gleichbleibendem Verbrauch etwa 60 Jahre, die Ressourcen unter Berücksichtigung von Ölsanden und Ölschiefer 180 Jahre.[64]

Beim Gas sehen die Experten der BGR 206 Billionen weltweite Gasreserven (nicht Ressourcen!), wovon allerdings mehr als die Hälfte in drei problematischen Ländern liegt: Russland, Katar und Iran. Schiefergas macht davon nur einen kleinen Teil, nämlich 5 % aus und stammt zurzeit ausschließlich aus den USA. Die Gasreserven ohne Schiefergas reichen nur 50 Jahre.[65] Doch es gibt weltweit riesige Schiefergasvorkommen. Und die gute Nachricht ist, dass die Vorkommen nicht auf wenige Länder etwa des Nahen Ostens konzentriert sind wie beim Öl, sondern Schiefergas ubiquitär in Asien, Amerika, Australien, Russland, Afrika sowie Europa etwa proportional zur Landmasse vorhanden ist.[66]

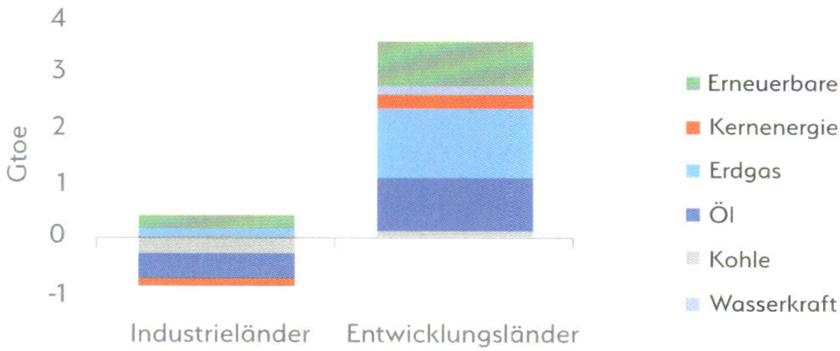

6 Veränderung des Primärenergieverbrauchs
Das Wachstum des Energieverbrauchs findet in den sich entwickelnden Staaten statt. In den Industrieländern nimmt nach dem Szenario des Energieinstitus der Verbrauch an Öl, Kohle und Kernenergie ab.[62]
1 Gtoe = 1 Milliarde t Öl

Die US-amerikanische Energie-Informations-Agentur ermittelte schon 2015 riesige Ressourcen in 46 Ländern der Erde.[67] Selbst wenn man von diesem riesigen Schatz nur einen winzigen Anteil von wenigen % fördern würde, käme man auf eine Reichweite von Gas jenseits von 200 Jahren.

Die zuletzt massiv gestiegenen Preise bei Öl (Verdoppelung), Gas (Verzehnfachung, siehe Kapitel 3) und Kohle (Verfünffachung, siehe Abbildung 7) werden einen Großteil der riesigen Ressourcen wirtschaftlich erschließbar machen.

Der Welt geht der Kohlenstoff nicht aus. Er wird in einigen Regionen wie der EU und einigen OECD-Staaten nicht mehr so stark genutzt werden. Aber mit dem Verschwinden der Nachfrage aus den entwickelten Ländern verschwindet nicht die Nachfrage der Entwicklungsländer, noch verschwinden die Vorräte an Erdöl und Erdgas. Der Nachfragerückgang der Industriestaaten führt dazu, dass wir damit lediglich den Anstieg der Weltmarktpreise verringern.

Hans-Werner Sinn, von 1999 bis 2016 Präsident des ifo Instituts für Wirtschaftsforschung und bis zu seiner Emeritierung Professor für Nationalökonomie und Finanzwissenschaft an der

LMU München, beschreibt das so: »Damit verschlimmern wir das Problem ... Bedrohen wir die Ressourcenbesitzer (also etwa Saudi-Arabien, Russland, d. Verf.) mit einer immer grüner werdenden Politik, die ihnen das zukünftige Geschäft kaputtmacht, kommen sie der Bedrohung zuvor und fördern ihre Bodenschätze nur noch schneller.« Das, so Sinn, sei »das grüne Paradoxon.«[69] Für diese Überbringung der schlechten Nachricht erhielt er 2009 die Auszeichnung »Dinosaurier des Jahres« des Naturschutzbundes Deutschland (NABU).[70] Mittlerweile ist Sinns These unbestrittenes Allgemeingut der Wirtschaftswissenschaft.

Eine bessere Lösung wäre es, fossile Brennstoffe CO_2-neutral zu nutzen. Kai Konrad vom Münchner Max-Planck-Institut für Steuerrecht und öffentliche Finanzen forderte daher kürzlich die klimaneutrale Nutzung von Öl und Gas: »So wie eine drohende Wertlosigkeit von Öl und Gas die schnellere Förderung beflügelt, führt die Perspektive einer wirtschaftlich attraktiveren zukünftigen Nutzung zu einer Angebotszurückhaltung der Ressourceneigner. Es lohnt sich, die Vorräte zu schonen und mit dem Verkauf zu warten ... Eine der vielleicht interessantesten Ideen besteht in der Erzeugung von Wasserstoff aus Methan, das mit circa 75 bis 99 % der Hauptbestandteil von Erdgas ist.«[71]

Er plädiert für türkisen Wasserstoff, bei dem Methan oder Erdöl aufgespalten wird in Wasserstoff und reinen Kohlenstoff: »Die katalytische Zerlegung erfordert zwar Energiezufuhr, aber nur etwa ein Achtel der Energiezufuhr, die für die Gewinnung von ›grünem Wasserstoff‹ nötig ist, der derzeit in aller Munde ist«.[71] Der Kohlenstoff könnte in Form von Kohlenstoff-Nanomaterialien anfallen. Diese Karbonprodukte könnten traditionelle Materialien wie Stahl, Aluminium oder Beton ersetzen. Daher sei es völlig falsch, Karbonfasern und Kunststoffe durch Ressourcen aus Holz oder nachwachsenden Pflanzen statt durch türkisen Wasserstoff zu ersetzen, denn Holzverfeuerung facht das Grüne Paradoxon an und setzt nicht weniger CO_2 frei.

Mit dieser Perspektive, so Konrad, würden Öl und Gas als Rohstoffe für zukünftige Produkte wertvoller. Kein Ressourcen-

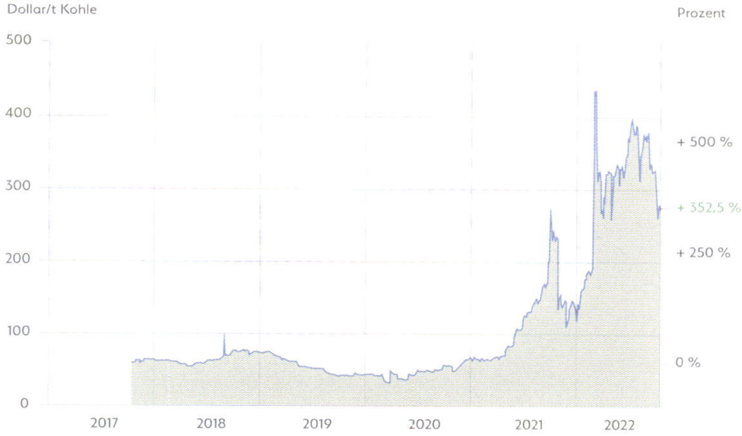

7 Preisentwicklung der Kohle von 2017 bis 2022
in Dollar pro Tonne und in Prozent. Erkennbar begann der Preisanstieg bereits 2021 und wurde dann durch den Ukraine-Krieg verstärkt.[68]

land müsste seine Vorräte so schnell wie möglich fördern. Nicht Nutzungsverbote für Öl, Gas und Kohle helfen, sondern das Vertrauen, das Ergebnisse von Forschung und Entwicklung in Marktwirtschaften die Verringerung der CO_2-Emissionen bewirken.

Dieser Weg ist allerdings nur gangbar, wenn genug Zeit zur technisch-marktwirtschaftlichen Anpassung vorhanden wäre. Aber geht denn die Welt nicht in den nächsten Jahren unter? Wieviel Zeit haben wir denn noch? Um diese Fragen geht es im folgenden Kapitel.

KAPITEL 2

Die Welt wird in den nächsten Jahren nicht untergehen.

2. Der Pyrrhus-Sieg über das Kohlendioxid

Versucht man, den wichtigsten Grund für die weltweite Energiekrise zu finden, so stößt man sehr schnell auf eine Gemeinsamkeit in der Energiepolitik aller Industrienationen: Die Angst vor dem menschengemachten Klimawandel auf Grund des bei der Verbrennung von Gas, Kohle oder Öl freigesetzten CO_2 lenkt die Energiepolitik seit zwei Jahrzehnten. Dadurch sinkt die CO_2-Emission der Industrieländer seit mehr als einem Jahrzehnt. Der größte Teil des Rückgangs entstand jedoch nicht durch Effizienzgewinne, sondern durch den mitunter hastigen Ausstieg aus diesen Ressourcen. Die Knappheiten an den fossilen Rohstoffen sind nicht dadurch entstanden, dass wir, wie vor fünf Jahrzehnten vom Club of Rome und anderen vorausgesagt, die Endlichkeit der Ressourcen verspüren.

Ganz im Gegenteil, seit den Warnungen, dass uns das Öl ausgeht, sind durch neue Explorationstechniken, sei es zur Förderung von Gas im Schiefergestein, Ölbohrungen in der Tiefsee oder die Nutzung von Teersanden die Reichweiten der fossilen Ressourcen ins nächste Jahrhundert verschoben worden. Die Knappheiten sind Ergebnis einer weltweiten Übereinkunft, die Emission von CO_2 bis zur Mitte dieses Jahrhunderts in den Industrieländern auf Netto-Null zurückzuführen. Die Entwicklungsländer einschließlich China haben dazu vereinbarungsgemäß etwas mehr Zeit.

Irreale Szenarien

Dabei gibt es zwei weitverbreitete Missverständnisse. Netto-Null bedeutet eigentlich nicht Null, sondern diejenige jährliche Ausstoßmenge, die die Erde verkraftet und in Pflanzen und Ozeanen aufnehmen kann, ohne dass das CO_2 in der Atmosphäre weiter zunimmt. Das umfasst aber mehr als die Hälfte der weltweiten Emissionen. Und das zweite Missverständnis ist – dem insbesondere Deutschland, die EU, Großbritannien und die USA unterliegen –, dass Netto-Null-CO_2 gleichzusetzen wäre mit dem Ausstieg aus Kohle, Gas und Öl. Interessanterweise macht sich der Weltklimarat diese Sichtweise nicht zu eigen und fordert eine Nutzung von Kohle, Gas und Öl mit weniger oder ohne CO_2-Emissionen durch Abscheidung oder Wiedernutzung der Abgase (siehe hierzu Kapitel 1 am Beispiel des blauen Wasserstoffs).

Es ist nicht leicht, die Menschen in den demokratisch geprägten Industrieländern davon zu überzeugen, auf die bislang den Lebensstandard prägende, preiswerte und komfortable Nutzung fossiler Energien zu verzichten. Immerhin leben wir in einer Welt, in der 85 % der Energien fossiler Natur sind, etwa zur Herstellung der Güter des täglichen Bedarfs, der Leichtigkeit des Transports und der Reisen, der Beheizung von Häusern und Büros.

Daher lag es nahe, die Auswirkungen eines »Weiter so« mit drastischen, ja angstmachenden Szenarien zu beschreiben, um die Menschen auf einen beschwerlichen, mit Wohlstandsverlusten gepflasterten Weg zu führen. Stephen Schneider, einer der einflussreichsten Klimaforscher, hat das sehr prägnant formuliert: »Wie die meisten Menschen, wollen wir die Welt verbessern, was in diesem Zusammenhang heißt, daran zu arbeiten, das Risiko eines potentiell gefährlichen Klimawandels zu reduzieren … Also müssen wir ängstigende Szenarien entwerfen, vereinfachende dramatische Aussagen machen und wenig Aufhebens um irgendwelche Zweifel machen, die wir vielleicht noch haben«.[1]

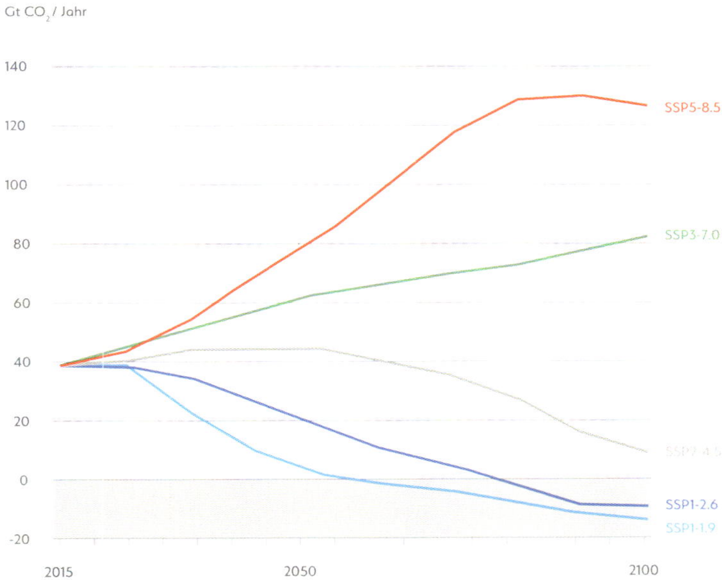

8 Szenarien für eine zukünftige CO_2-Entwicklung
Der IPCC unterscheidet in seinen Modellrechnungen fünf verschiedene Szenarien für eine zukünftige CO_2-Entwicklung.[2] Im Szenario SSP5-8.5 (8.5 steht für die vom CO_2 erzeugte Klimawirkung in W/m^2) werden kumuliert bis 2100 6100 Mrd. t CO_2 ausgestoßen (heutiger jährlicher Ausstoß 38 Mrd. t). Im Falle SSP3-7.0 sind es 5200 Mrd. t. Die heute bekannten und wirtschaftlich förderbaren Reserven entsprechen 3400 Mrd. t CO_2.[3]

Vereinfachende, dramatische Aussagen und wenig Aufhebens um irgendwelche Zweifel zu machen, hat sich in der Klimakommunikation durchgesetzt. Dabei wird in der Klimawissenschaft mit extremen Unsicherheiten operiert wie sonst nirgendwo.

Der IPCC-Bericht unterscheidet fünf verschiedene CO_2-Entwicklungsszenarien (siehe Abbildung 8). Wie realistisch sind die Szenarien 8.5 oder 7.0 (die Zahlen stehen für die von CO_2 erzeugte Erwärmungswirkung), die in den Modellen des IPCC zu großen Temperaturveränderungen führen?

Im Szenario 8.5 würde sich die jährliche CO_2-Emission bis 2080 auf die dreifache Menge erhöhen[2]. Die Bundesanstalt für Geowissenschaften hat jedoch in ihrer letzten Energiestudie 2019 die weltweiten Reserven an Gas, Öl und Kohle aufgeführt, wonach beim Verbrennen aller Reserven 3402 Mrd. Tonnen ausgestoßen werden (Öl 843 Mrd. Tonnen, Gas 431 Tonnen und Kohle 2127 Tonnen).[3] Summiert man die Emission des 8.5-Szenarios bis 2100, ergibt sich eine Summe von 6100 Mrd. Tonnen CO_2. Danach würden uns in diesem Szenario etwa 2080 die Kohlenstoffreserven ausgehen – ein absurdes Szenario!

Das Szenario 7.0 ist ähnlich irreal, denn danach verdoppelt sich der CO_2-Ausstoß bis 2100. Auch das übersteigt die heute bekannten und wirtschaftlich nutzbaren Kohle-, Öl- und Gasvorkommen. Selbst in den »schlimmsten« Prognosen des BP Energy Outlook 2021 werden die CO_2-Emissionen bis 2050 um allenfalls fünf Mrd. Tonnen CO_2 ansteigen und damit eher einem 4.5-Szenario entsprechen, das nur einen leichten Anstieg der Emissionen bis 2050 auszeichnet.[4]

Auch das dritte Szenario 1.9 kann man füglich ausschließen. Es sieht die Absenkung der CO_2-Emissionen ab 2020 und die Verminderung auf die Hälfte 2035 vor, einem Zeitpunkt, zu dem China und Indien noch einmal 30 % an CO_2-Emissionen draufgelegt haben werden.[5]

Aber nur mit einem völlig irrealen Szenario 8.5 kann der IPCC mit seinen Modellen auf eine Temperaturerhöhung von 3,3 bis 5,7 Grad Celsius für 2100 gelangen. Diese Angabe schaffte es dann in die Summary for Policymakers.[6] Und es findet sich dann als eine der Hauptbotschaften in den Medien. Die Tagesschau berichtete, »ohne entschiedenen Klimaschutz sind bis zu 5,7 Grad Erwärmung zu erwarten.«[7] In der *FAZ* schrieb Joachim Müller-Jung unter dem Untertitel »Erwärmung bis zu 5,7 Grad?«: »Im schlimmsten Fall jedoch, dem weiteren ungebremsten Ansteigen der Emissionen, könne es zu einer Erwärmung von 3,3 bis 5,7 Grad bis 2100 kommen.«[8]

	2021–2040		2041–2060		2081–2100	
Szenario	beste Schätzung in °C	sehr wahrscheinlicher Bereich in °C	beste Schätzung in °C	sehr wahrscheinlicher Bereich in °C	beste Schätzung in °C	sehr wahrscheinlicher Bereich in °C
SSP1-2.6	1,5	1,2 bis 1,8	1,7	1,3 bis 2,2	1,8	1,3 bis 2,4
SSP2-4.5	1,5	1,2 bis 1,8	2,0	1,6 bis 2,5	2,7	2,1 bis 3,5

9 Modellrechnungen der CO_2-Emissionen
Der IPCC sieht mit seinen Modellrechnungen zwischen den Szenarien einer Halbierung der CO_2-Emissionen (SSP1-2.6) bis 2050 und der Stabilisierung der CO_2-Emissionen (SSP2-4.5) bis 2040 keinen und bis 2060 einen Unterschied von 0,3 Grad.[6] Berücksichtigen muss man dabei, dass diese Modelle einen natürlichen Einfluss (Sonne, Meereströmungen) auf das Klima von nahe Null annehmen.[9]

Diese irrealen Szenarien werden gebraucht, um Angst zu erzeugen, denn die wahrscheinlichen Entwicklungen – selbst mit den viel zu heiß laufenden Klimamodellen des IPCC – werden bis 2040 wenig spektakulär mit 1,5 Grad sowohl im 2.6 – als auch im 4.5-Szenario (also in beiden Szenarien 0,43 Grad mehr als heute) wiedergegeben.[6] Und selbst für 2100 kommen die Modelle auf keineswegs katastrophale 1,8 bis 2,7 Grad (siehe Abbildung 9).

Respekt vor der Realität

Aber es gibt auch immer mehr besonnene Stimmen, die sich Gehör verschaffen. Für Vaclav Smil, renommierter tschechisch-kanadischer Umweltforscher (»How the World really works«[10]) und Lieblingsautor von Bill Gates[11], steht der Erwärmungseffekt durch CO_2 außer Frage, aber er misstraut den Modellen: »Ich habe zu viel Respekt vor der Realität.«[12] Auch er sieht das Problem der unzureichenden Berücksichtigung der Wolken.[12] Radikale Maßnahmen zur sofortigen drastischen Senkung der Kohlendioxid-Emissionen seien durch das Problem nicht gerechtfertigt. Denn es gebe andere Probleme, die mindestens genauso schlimm seien wie der Klimawandel, und zu deren Lösung fossile Brennstoffe benötigt werden.[12]

Oder der ehemalige grüne Aktivist Michael Shellenberger, der sein aufsehenerregendes Buch »Apokalypse, niemals! Warum uns der Klima-Alarmismus krank macht« schrieb, weil er »den Alarmismus satt hatte, den Extremismus, die Übertreibungen.«[13] Oder Steven Koonin, Autor des Buches »Unsettled« und ehemaliger Wissenschafts-Staatsekretär unter Barack Obama, der in seinem lesenswerten Vortrag in London 2021 den Nobelpreisträger William Nordhaus zitierte, der als optimalen Pfad für die Weltgemeinschaft eine Erwärmung von drei Grad bis 2100 ansieht, und ausführte: »Es gibt keine Klimakrise. Wir haben eine Herausforderung. Aber wir haben auch Zeit dies zu meistern ... Adaptation ist die herausragende Antwort.«[14]

Oder Björn Lomborg, Autor von »Klimapanik« (im Original »False Alarm«): »Der Klimawandel ist real, aber er ist nicht die apokalyptische Bedrohung, als die er uns dargestellt wird. Die Prognosen über den bevorstehenden Untergang der Erde beruhen auf schlechter Wissenschaft und noch schlechterer Wirtschaft. In Panik haben sich die Staats- und Regierungschefs der Welt auf sehr teure, aber weitgehend unwirksame Maßnahmen festgelegt, die das Wachstum behindern.«[15]

Oder Lennart Bengtsson, ein angesehener und geachteter Klimaforscher. Er war lange Zeit Direktor des Max-Planck-Instituts für Meteorologie in Hamburg und wendet sich gegen die Angstmache in der Klimafrage: Es herrsche keine Klimakrise, das wärmere Klima sei mancherorts vorteilhaft, Folgen der globalen Erwärmung ließen sich begrenzen. Zu ehrgeiziger Klimaschutz könne sogar schädlich sein, so bilanziert er in seinem Buch (»Vad händer med klimatet?«, »Was passiert mit dem Klima«) und in einem Interview mit der *Welt*.[16]

Er sagt: »Die gegenwärtige Erwärmung sollte meines Erachtens nicht als Krise bezeichnet werden. Die Nahrungsmittelproduktion beispielsweise nimmt zu. Und trotz rasant wachsender Bevölkerung und fortschreitender Erwärmung sterben weitaus weniger Menschen in Wetterextremen als früher ... Dennoch sind langfristige und systematische Maßnahmen erforderlich, um Treibhausgase weltweit zu reduzieren, um die Erwärmung einzudämmen.«[16]

Keiner der zitierten Wissenschaftler bezweifelt einen Treibhauseffekt des CO_2. Doch die entscheidende Frage ist: Wie groß ist er und welche Folgen hat er? Ist es wirklich unzweifelhaft, dass die Erwärmung der letzten 150 Jahre zu 100 %, wie der IPCC behauptet, auf die Zunahme von Klimagasen zurückzuführen ist? Sind die natürlichen Schwankungen des Klimas in den letzten 200 Jahren wirklich null gewesen? Warum werden die großen natürlichen Schwankungen der letzten 2000 Jahre, nämlich die mittelalterliche Wärmeperiode von 800 bis 1300 und die kleine Eiszeit von 1400–1850, im IPCC-Bericht als bedeutungslos hingestellt?

Die Grenzen der Klimamodelle

Die erste Abbildung der »Summary for Policymakers« des letzten Klimaberichts (siehe Abbildung 10) zeigt, welche Wirkung das politische Sekretariat des IPCC erzielen will. Natürliche Schwankungen habe es demnach in den letzten 2000 Jahren nicht gegeben. Daher sei alles, was es seit 1860 an Erwärmung gegeben hat, menschlich gemacht. Ist das wirklich so?

Vom Jahre 1 an zeigt die Kurve einen ständig leicht abfallenden Trend bis 1850, um dann die Temperatur bis heute stark ansteigen zu lassen – wie bei einem Hockeyschläger. So kann der Weltklimarat behaupten, dass es seit 125 000 Jahren noch nie so warm gewesen sei wie heute. Zahlreiche wissenschaftliche Publikationen (an sechs war ich selbst beteiligt)[18] dokumentieren, dass die mittelalterliche Wärmeperiode etwa so warm war wie heute. Noch im 5. IPCC-Sachstandsbericht von 2013 hieß es, dass Nordeuropa damals ähnlich warm war wie die zweite Hälfte des 20. Jahrhunderts.[19]

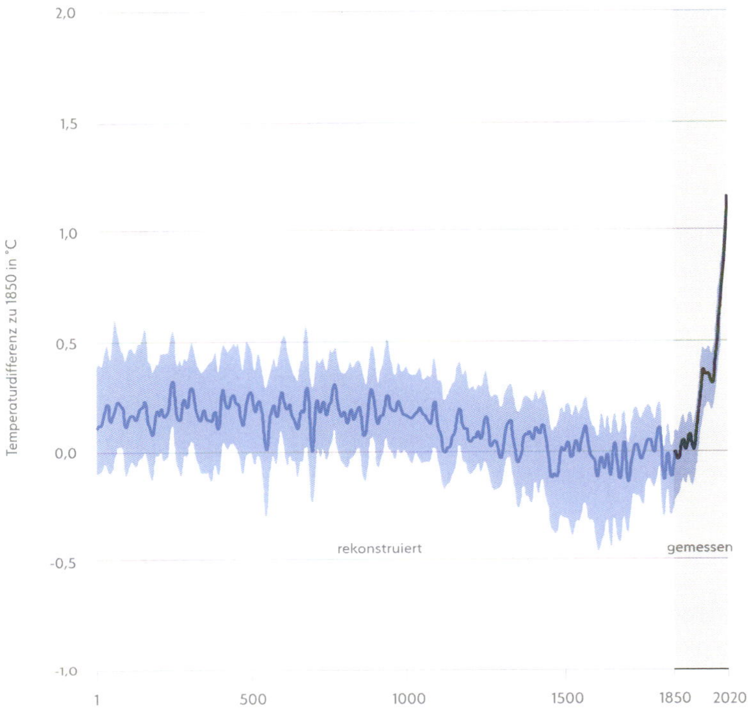

10 Rekonstruierte Änderung der Globalen Oberflächentemperatur
Die mittelalterliche Wärmeperiode und die Kleine Eiszeit sind im letzten Bericht des IPCC von 2021 verschwunden. Die gemessenen Temperaturen sind in schwarz, die rekonstruierten in blau. Beide in der Geschichte dokumentierte Perioden sind aus unserem Klimagedächtnis gelöscht worden.[17]

Ulf Büntgen, Professor für Umweltsystem-Analyse in Cambridge und einer der führenden Paläo-Klimatologen, kritisiert die Temperatur-Rekonstruktion des IPCC, genannt »PAGES«: »Einige Kollegen und auch ich sind schon vor einigen Jahren aus dem ›Pages‹-Projekt ausgestiegen, weil wir nicht mehr einverstanden waren, wie großräumige Datensätze zusammengestellt und analysiert wurden … Die vorindustrielle, globale Durchschnittstemperatur ist leider immer noch nicht gut bekannt, und wir haben

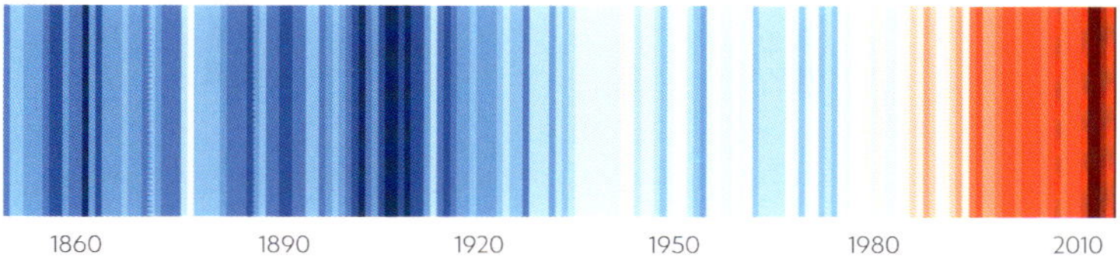

11 Globale Temperaturentwicklung 1860 – 2018 als Farbstreifen dargestellt.[21]

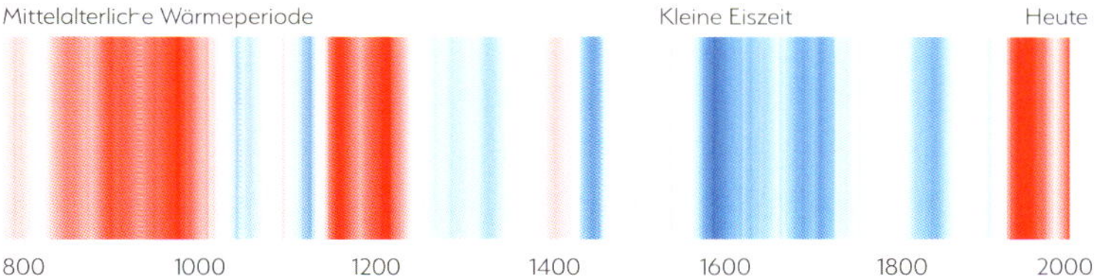

12 Entwicklung der Sommertemperaturen in Europa[23] während der letzten 1200 Jahre als Farbstreifen dargestellt.

nach wie vor Probleme, den Anteil der anthropogenen Erwärmung von der natürlichen Variabilität im Klimasystem zu unterscheiden.«[20]

Auf die Frage des Journalisten nach den Schwankungen des Klimas in den letzten 2000 Jahren antwortet Ulf Büntgen: »Vergleicht man aber die rekonstruierten Durchschnittswerte der Sommertemperaturen der Nordhemisphäre über circa 30-jährige Perioden, sodass Extreme geglättet werden, sprechen wir von ungefähr einem bis zwei Grad. Die öffentliche Klimadebatte hat sich aber leider längst von der Klimawissenschaft entkoppelt. Als Wissenschaftler befürchte ich einen langfristigen Schaden, wenn die Debatte nicht präzise, offen und reflektiert geführt wird.«[20]

Die fehlende Berücksichtigung der Klimaschwankungen vor 1860 ist auch die Basis für die sehr verbreitete Streifengraphik (siehe Abbildung 11), die am Ende der Kleinen Eiszeit um 1850 in tiefem Blau (blau = kalt) beginnt und in der Gegenwart in kräftigem Rot (rot = warm) endet. Sie ziert auch das Cover von Greta Thunbergs »Klima-Buch«, das im Oktober 2022 erschienen ist.[22]

Diese Graphik unterschlägt durch den ausgewählten Zeitraum den vorindustriellen Kontext und lädt damit zu vorschnellen Schlussfolgerungen ein. Berücksichtigt man dagegen die letzten 2000 Jahre, wird die tatsächliche Temperaturentwicklung sichtbar und die aktuelle Erwärmung in einen realistischen Zusammenhang gestellt (siehe Abbildung 12).

Die vorindustrielle Schwankung der Temperatur zeigt uns die Grenzen der Klimamodelle auf. Da sie lediglich vernachlässigbar geringe natürliche Klimaantriebe besitzen, generieren auch sie in der Vergangenheit lediglich Hockeyschläger-Muster. Jede real festgestellte vorindustrielle Warm- oder Kaltphase bereitet den Modellen daher Probleme, denn sie können sie nicht reproduzieren. Sie sind so konstruiert, dass das nicht vorgesehen ist.

Wenn aber Klimamodelle in der Vergangenheit Antworten liefern, die sich nicht im Einklang mit der Realität befinden, sind sie als Prognose-Werkzeug mit großer Vorsicht zu gebrauchen.

Weitere Einflüsse

Die Temperaturentwicklung der letzten Jahrzehnte ist von einer starken Erwärmung gekennzeichnet. Es ist unbestritten, dass die in diesem Zeitraum stark angestiegene CO_2-Konzentration in der Luft einen Beitrag hierzu geleistet hat. Aber bei Betrachtung der Abbildung der allseits (auch vom IPCC) anerkannten Messreihe des englischen Hadley-Zentrums der Universität East Anglia in Norwich fällt auf, dass die Temperaturentwicklung nicht immer dem CO_2 folgt (siehe Abbildung 13).

Von 1960 bis 1978 fiel die Temperatur sogar. Das war die Zeit, in der die Angst vor einer neuen Eiszeit weltweit Schlagzeilen machte. Eine starke Parallelität zeigte sich von 1978 bis 2000. Danach machte die globale Temperatur eine Seitwärtsbewegung, die von einer starken Erhöhung 2016 (sehr starker El Niño) abgelöst wurde. Seit etwa sieben Jahren herrscht wieder eine Seitwärtsbewegung vor, die aber in Medien und Politik keine Erwähnung fand.

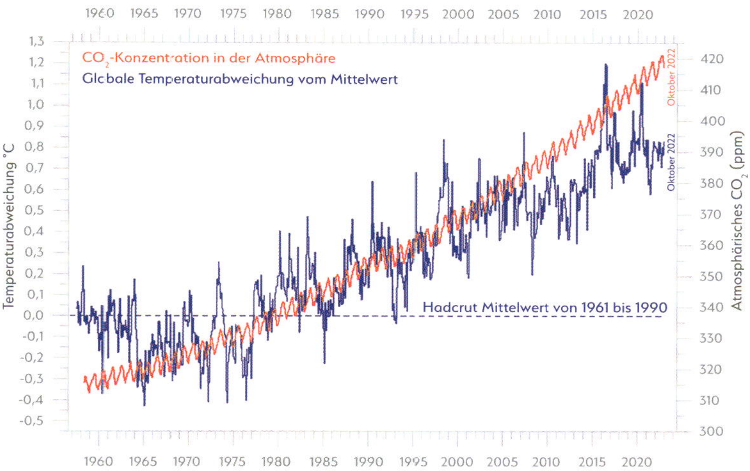

13 Temperaturentwicklung
der letzten 60 Jahre (blau) des englischen Hadley-Zentrums und die Entwicklung der CO_2-Konzentration (rot).[24]

Es müssen offenbar auch noch andere Einflüsse wirksam sein als das seit 60 Jahren unaufhörlich steigende CO_2.

Es gibt beispielsweise eine ozeanische zyklische Temperaturänderung des Atlantiks, die seit über 100 Jahren gut dokumentiert ist. In einem Zyklus von 50 bis 70 Jahren wechseln sich warme und kalte Phasen des Atlantiks ab, immerhin von +0,4 bis −0,4 Grad. Zieht man den allgemeinen Erwärmungstrend ab, so verbleibt eine eindrucksvolle Sinuskurve dieser Atlantischen Multidekadischen Oszillation (AMO, siehe Abbildung 14).

In den positiven Phasen werden die Meeresströmungen im Nordatlantik in Richtung der Arktis beschleunigt. Das führt zu höheren Wassertemperaturen im Nordatlantik. Das Wetterportal meteo.plus schreibt: »Dadurch werden in der Folge die Temperaturen der Nordhemisphäre erhöht, die Häufigkeit von Hurrika-

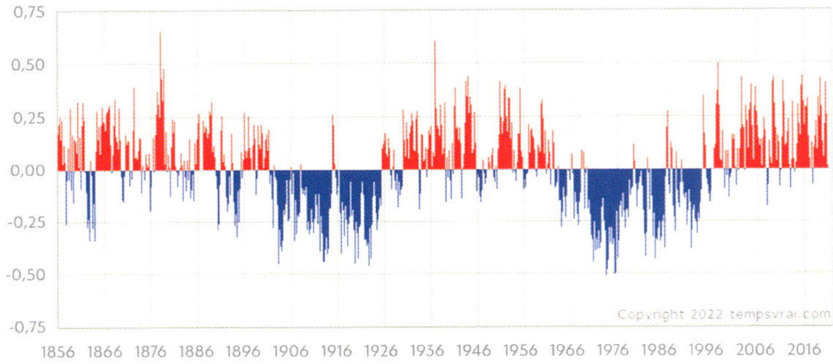

14 Die Atlantische multidekadische Oszillation (AMO)
ist eine sich periodisch einstellende Veränderung der Strömungsverhältnisse im Nordatlantik. In der positiven Phase der AMO werden warme Wassermassen schneller aus den Tropen in den Nordatlantik geführt (rot).
Quelle: meteo.plus[25]

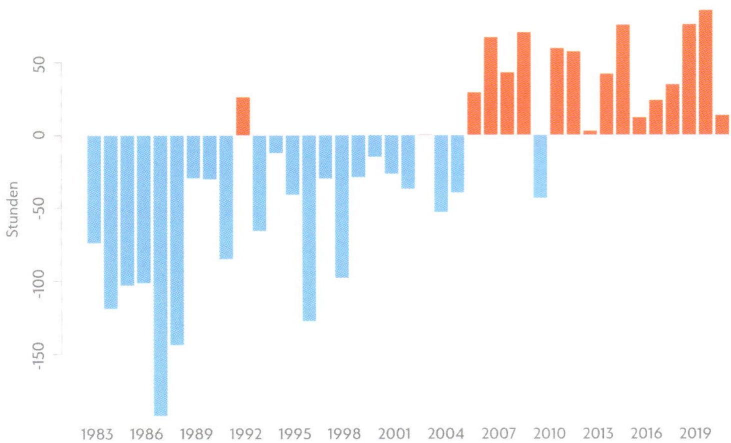

15 Entwicklung der Sonnenscheindauer in Europa
Die Sonnenscheindauer in Europa hat in den letzten 35 Jahren um mehr als 150 Stunden zugenommen. Ursache ist der Rückgang der Wolken im gleichen Zeitraum.
Die Jahreswerte in blau und rot zeigen die Abweichungen vom Mittelwert der Periode 1991 bis 2020.[28]

nen begünstigt, das Packeis am Nordpol zurückgedrängt und die Niederschlagsmengen in Europa, Nordafrika und an der Ostküste Nordamerikas ergiebiger.«[25]

Vergleicht man die globale Temperaturkurve mit der AMO-Kurve, so ist eine gewisse Gleichläufigkeit nicht von der Hand zu weisen (Abschwung bis 1978, Anstieg bis 2000 und danach Stabilität auf hohem Niveau).[26]

Die Klimamodelle können die Zyklik der AMO nicht angemessen wiedergeben. Daher wird die Erwärmung seit 1978 vollständig dem CO_2-Effekt zugeschlagen. 100 % der Erwärmung sind eben nach den Modellen anthropogenen Ursprungs. Natürliche Ursachen von Erwärmungen werden so auf nahe Null reduziert.

Mittlerweile gibt es erste gewichtige Stimmen der Klimawissenschaft, die die dämpfende Wirkung der multidekadischen Oszillation des Atlantiks und eine Unterbrechung (Hiatus) der Erwärmung bis 2045 prognostizieren. Erst danach wird es wieder eine weitere Erwärmung geben. Der norwegische Klimaforscher Nour-Eddine Omrani: »Die vorhergesagte Pause bietet Zeit, um technische, politische und wirtschaftliche Lösungen zu erarbeiten, bevor die nächste beschleunigte Erderwärmung eintritt«.[26a]

Man hätte auch erwarten können, dass die Verringerung der Bewölkung der letzten 20 Jahre in der »Summary for policymakers« erwähnt wird. Sie ist bemerkenswert. Die Sonnenscheindauer in Europa hat in den letzten 40 Jahren um 150 Sonnenstunden im Jahr zugenommen (siehe Abbildung 15), die Wolken sind im gleichen Zeitraum um 6 % zurückgegangen. Dieser Wolkenrückgang der letzten Jahrzehnte konnte nicht nur in Europa nachgewiesen werden. NASA-Forscher stellten diesen Rückgang weltweit fest.[27]

Wie ich in einer peer-reviewed-Publikation (wissenschaftliche Arbeit, die durch unabhängige Gutachter aus dem gleichen Fachgebiet geprüft wurde) in »Atmosphere« 2021 gemeinsam mit Rolf Dübal nachweisen konnte, ist die Erwärmung der Erde in den letzten 20 Jahren im Wesentlichen auf eine höhere Durchlässigkeit der Wolken für die kurzwellige Sonneneinstrahlung zurückzuführen. Die kurzwellige Abstrahlung in den Weltraum ist in diesem Zeitraum stark zurückgegangen, und zwar gleichermaßen auf der Nord- und Südhalbkugel.

Das bedeutet bei nahezu konstanter Sonneneinstrahlung, dass mehr kurzwellige Strahlung die Erdoberfläche erreicht hat und damit zur Erwärmung beitrug. Die langwellige Rückstrahlung (der »Treibhauseffekt«) trug nur zu einem geringeren Teil zur Erwärmung bei. Er wurde sogar weitgehend kompensiert durch die ebenfalls ansteigende Durchlässigkeit der Wolken für von der Erde ausgehende langwellige Strahlung.[29] Über die Ursachen der Wolkenverdünnung gibt es bislang keine gesicherte Erklärung.

Wahrnehmungsfehler

Doch die öffentliche Meinung wird geprägt durch die offensichtliche Zunahme der extremen Wetterereignisse wie Dürren, Starkregenereignisse oder Waldbrände. Eine Nachprüfung zeigt aber: Es gibt keine Zunahme dieser Ereignisse.

Björn Lomborg hat in einem bemerkenswerten Vortrag auf der Stuttgarter Energiewende-Tagung vom 8. Juli 2022 die Fakten zusammengetragen. Es lohnt sich, den Vortrag im Netz anzuschauen.[30]

Er stellt den Schlagzeilen einer Welt in Brand die tatsächliche Entwicklung der verbrannten Fläche gegenüber. Waren es noch zwischen 1900 und 1920 4,3 % der Landfläche, so waren es im Jahre 2000 nur noch 3 %. Seit dieser Zeit haben wir Satellitendaten, und diese zeigen, dass seit 2000 diese Zahl noch einmal deutlich auf 2,5 % zurückgegangen ist (siehe Abbildung 16). Dies ist das Ergebnis weltweiter Waldbrandbekämpfung. Selbst ohne Klimapolitik wird die Entwicklung bis 2100 auf unter 2 % zurückgehen, und das Ergebnis wird sich selbst bei strenger Klimapolitik nur unwesentlich von diesem Wert unterscheiden.

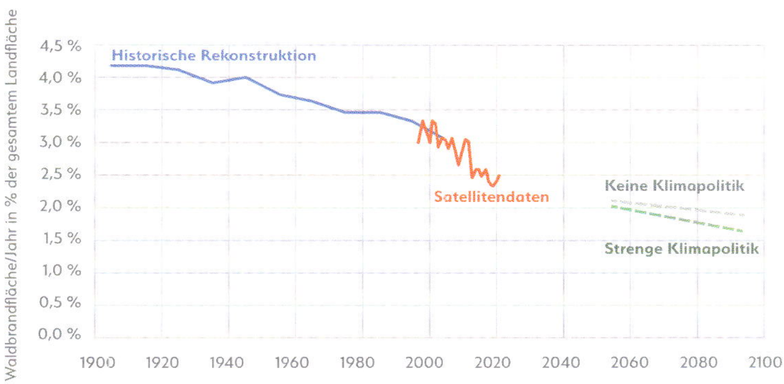

16 Globale jährliche Waldbrandfläche von 1900 bis 2020
Globale Waldbrandfläche in der historischen Rekonstruktion (blau) und auf Grund von Satellitendaten (orange). Zwischen den Prognosen – keine Klimapolitik oder strenge Klimapolitik – wird kaum ein Unterschied festzustellen sein.[30]

Warum machen wir solche Fehler in der Wahrnehmung der Klimaveränderung? Sicherlich macht heute, anders als früher, jeder Waldbrand, jede Dürre, jede Überschwemmung in der vernetzten Welt Schlagzeilen und bekommt das Etikett der beginnenden Klimakatastrophe. Zudem erinnern sich Menschen vor allem an die letzten Jahre und verdrängen weiter zurückliegende Ereignisse. Vor allen Dingen aber ignorieren wir die Adaption, die Fähigkeit des Menschen, Umweltkatastrophen bekämpfen zu können. Und dies gilt für alle Extremereignisse. Es gibt keine Zunahme der Dürreereignisse, es gibt keine Zunahme der Hurrikane, es gibt keine Zunahme von Starkregenereignissen, seit es Aufzeichnungen gibt.

Lomborg zeigt das Ergebnis aller Extremereignisse in Form der Todesfälle. Waren es in den 1920er-Jahren noch 500 000 Menschen, die jährlich bei Umweltkatastrophen zu Tode kamen, gingen die Zahlen in den weiteren Jahrzehnten des letzten Jahrhunderts um mehr als 90 % zurück. 2010 waren nur noch 18 000, 2020 14000 und 2021 7000 Todesopfer zu beklagen. Das

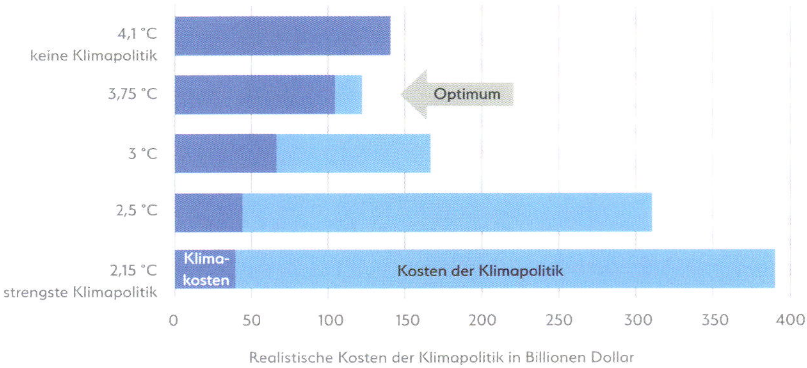

17 Kosten durch Klimaveränderung und Klimapolitik
Kosten der Klimaschäden und Kosten der Klimapolitik in einer Darstellung von Björn Lomborg auf Grund der Berechnungen von Nobelpreisträger William Nordhaus.[30]

ist doch mehr als überraschend. Aber es ist erklärlich, wenn wir uns vor Augen führen, dass wir uns besser auf Extremereignisse vorbereitet haben, sieht man von dem katastrophalen Katastrophenschutz der Ahrweiler-Flut in 2021 ab (deren Todesopfer in den Zahlen von 7000 Toten des Jahres 2021 enthalten sind).

Lomborg zitiert den Klimaökonomen und Nobelpreisträger William Nordhaus, der die Kosten von Klimaschäden den Kosten für Klimaschutz gegenübergestellt hat. Wenn man das Zahlenwerk von Nordhaus das erste Mal zur Kenntnis nimmt, wehrt man sich unweigerlich dagegen. Denn danach ist die ökonomisch sinnvollste Klimapolitik eine Politik, die eine Erwärmungsgrenze von drei bis 3,75 Grad anstrebt (siehe Abbildung 17).

Man muss allerdings nicht unerwähnt lassen, dass die Klimakosten (in dunkelblau) im Wesentlichen in den Entwicklungsländern des Globalen Südens und die Kosten der Klimapolitik (in hellblau) im Wesentlichen in den Industrieländern des Nordens entstehen. Aber wenn nach Nordhaus die schärfste und teuerste Klimapolitik zu den höchsten Gesamtkosten bei einer Steigerung von 2,15 Grad Celsius führt, könnte man schon argumentieren, dass die Klimakosten bis drei Grad Celsius relativ gering ansteigen, aber die Kosten der Klimapolitik sich mehr als halbieren. Das ökonomisch zwischen Entwicklungsländern und Industrieländern balancierte Optimum liegt daher sicher eher bei drei Grad als bei zwei Grad.

Es darf bei diesen Berechnungen nicht vergessen werden, dass die Berechnungen von Nordhaus auf den Klimamodellen des IPCC beruhen und ebenso wie diese eine – aus meiner Sicht – zu starke Klimasensitivität des CO_2 zugrunde legen und CO_2 als alleinigen Grund von Klimaänderungen angeben.

Was auf jeden Fall in allen Klimapolitiken der EU, der USA oder Deutschlands bei der Formulierung eines Netto-Null-CO_2-Ziels zu kurz kommt, ist die Berücksichtigung der natürlichen CO_2-Senken unseres Planeten. Unsere Erde verzeiht uns nämlich so manche Überbeanspruchung durch CO_2, indem sie es für uns wegpuffert. Wie das international anerkannte Global Carbon Project ermittelte, wurden 2019 31 % des emittierten CO_2 durch vornehmlich Pflanzen aufgenommen und 24 % durch die Ozeane, zusammen also 55 %.[31]

Im Pariser Klimaschutzabkommen wird im Artikel 4 als Ziel des Abkommens die Verringerung der Emissionen definiert, »um in der zweiten Hälfte dieses Jahrhunderts ein Gleichgewicht zwischen den anthropogenen Emissionen von Treibhausgasen aus Quellen und dem Abbau solcher Gase durch Senken … herzustellen.«[32]

Im September 2020 veröffentlichte Andrew Watson von der Universität Exeter mit anderen Wissenschaftlern, darunter Peter Landschützer vom Max-Planck-Institut für Meteorologie in Hamburg, in *Nature Communications* eine aufsehenerregende Neuberechnung der CO_2-Aufnahme durch die Ozeane[33]. Die Wissenschaftler berechnen, dass drei Mrd. Tonnen mehr CO_2 aufgenommen werden; das sind 30 % mehr, als bisher angenommen wurde. Die CO_2-Menge in der Luft wird dann immerhin um rund 100 Mrd. Tonnen weniger in den nächsten 30 Jahren. Das entspricht einer CO_2-Nullemission von drei Jahren.

Die zusätzliche Aufnahme des CO_2 durch Ozeane und Pflanzen verläuft proportional zur Konzentrationszunahme des CO_2 in der Atmosphäre gegenüber dem Gleichgewichtszustand von 1860 (417 ppm – 280 ppm = 137 ppm) und nicht proportional zur jährlichen Emission. Die Aufnahme steigt seit einigen Jahrzehnten stärker als die Emissionen, sodass heute schon 55 % der jährlichen Emissionen von Ozeanen und Pflanzen aufgenommen werden. Anders ausgedrückt: Etwa 5 ppm werden vom Menschen jährlich ausgestoßen, 2,7 ppm werden insgesamt aufgenommen (alle Zahlen aus Global Carbon Project 2021), 2,3 ppm verbleiben in der Atmosphäre.[31] Bei stabiler Emission von 5 ppm nimmt die Aufnahme von Ozeanen und Pflanzen weiter zu und immer weniger CO_2 verbleibt in der Luft.

Würde es der Weltgemeinschaft bis 2050 bei einer dann vorliegenden Konzentration von 450 ppm gelingen, die Emission im Verlaufe der nächsten Jahrzehnte auf etwa 2,5 ppm zu halbieren, so wäre demnach ein unmittelbarer Stillstand mit anschließendem leichten Rückgang der CO_2-Konzentration in der Atmosphäre die Folge. Denn Ozeane und Pflanzen nehmen ja immer noch 2,7 ppm auf. Die Katastrophenszenarien könnten ad acta gelegt werden. Und wir wären im Einklang mit dem Pariser Abkommen, das ja fordert, dass Quellen und Senken von CO_2 ins Gleichgewicht zu bringen seien. Eine Nullemission – die ohnehin nicht erreicht wird, solange China und die sich entwickelnde Welt wachsende CO_2-Emissionen ausstoßen – ist nicht erforderlich.

Auch der IPCC räumt ein, dass die reale Aufnahme der Meere in zunehmendem Maße die Modellrechnungen übertrifft[34]. Aber es kommt noch besser. Der IPCC stellt weiter fest: »Falls die Emission und die Aufnahme von CO_2 gleich sind, stabilisiert sich die CO_2-Konzentration. Falls die CO_2-Entfernung größer ist als die Emission, würde die Konzentration sinken.«[34] Diese Aussagen bestätigen also, dass die Halbierung der Emissionen ausreicht, um die Konzentration zu senken, denn die Aufnahme von Ozeanen und Pflanzen beträgt heute 2,7 ppm, die Emission beträgt bei Halbierung 2,5 ppm.

Um nicht zu dieser famosen Lösung zu kommen, schreibt der IPCC in der »Summary for Policymakers«: »Basierend auf Modellprojektionen würden beim mittleren Szenario 4.5, das die CO_2-Konzentrationen in der Luft stabilisiert, die Aufnahme von CO_2 durch Land und Ozeane zurückgehen.«[35] Das gelte nach den Modellen ab der zweiten Hälfte des Jahrhunderts. Kaum ein physikalischer Zusammenhang legt das nahe. Aber Modelle, die in der Rückschau versagen, sollen das belegen?! Dabei ist die Frage, wie lange Ozeane und Pflanzen ihr segensreiches Tun zur Dämpfung der Störung des CO_2-Gleichgeichts aufrechterhalten können, von entscheidender Bedeutung für das Bestimmen von Netto-Null-CO_2 und das Tempo der langfristig zweifellos erforderlichen Verminderung des CO_2-Ausstoßes.

Es ist fast überflüssig zu erwähnen, dass es die Veröffentlichung von Watson, der eine steigende Aufnahme von CO_2 durch Ozeane ermittelte, nicht in die »Summary for Policymakers« geschafft hat. Das hätte der Alarmstimmung einen spürbaren Dämpfer erteilt.

Im Oktober 2022 veröffentlichte eine Gruppe Wissenschaftler um Kai Wirtz, Professor am Helmholtz-Zentrum Hereon in Geesthacht, in der Zeitschrift *Nature Climate Change* eine weitere beeindruckende Entdeckung über die Aufnahme von CO_2 durch das Phytoplankton in den Ozeanen.[36] »Bisherige Modelle behandeln das Phytoplankton wie passive Teilchen, während sehr viel dafürspricht, dass es aktiv wandert, um in oberen Schichten über die Photosynthese Kohlenstoff aufzunehmen und in unteren Schichten Nährstoffe einzuspeichern«, so Kai Wirtz.[37]

Phytoplankton ist demnach in der Lage, mit der »Energiereserve« aus der Photosynthese im lichtreichen Oberflächenwasser etwa zehn bis 80 Meter tiefer zu gelangen. Dort kann es genügend Nährstoffe aufnehmen, bis es sich wieder aktiv in Richtung Wasseroberfläche bewegt. Dieser Bewegungskreislauf entspricht einer zusätzlichen Kohlenstoffsenke, die sehr viel effizienter arbeitet als bisher vermutet. Wirtz schreibt: »Wir nehmen anhand unserer Modellrechnungen an, dass aktuelle Schätzungen der ozeanischen Kohlenstoffaufnahme deutlich nach oben korrigiert werden müssen«.[37]

Das bedeutet, dass Ozeane und Meere viel mehr CO_2 als aktuell angenommen aufnehmen und das auch bei zukünftig steigenden Luft- und Wassertemperaturen. Die Forscher sprechen bei steigenden CO_2-Konzentrationen von der 10-fachen Menge der heute angenommenen Aufnahme. Damit würden alle alarmistischen Zukunftsszenarien über eine katastrophale CO_2-Entwicklung in sich zusammenbrechen. Ich habe über diese bahnbrechende Hypothese nicht eine einzige Zeile in den Medien gelesen. So weit käme es noch, dass die Alarmstimmung hinterfragt würde!

Aber diese Alarmstimmung, die die Energiepolitik der letzten zehn Jahre in allen Industrieländern bestimmt, hat zu schwerwiegenden Fehlern in der Sicherung der Energieversorgung geführt. Alle, die Panik verbreiten, dem überhasteten Ausstieg aus Kohle, Öl und Gas das Wort geredet und nichts getan haben, um Kohle-, Öl- und Gasverwendung CO_2-ärmer zu machen und damit unmittelbar eine CO_2-Verminderung zu bewirken, ohne Versorgungssicherheit und Wohlstand aufzugeben, müssen sich vorwerfen lassen, die Energiekrise mit herbeigeführt zu haben.

Das gilt allemal für die führenden Politiker, die schnellstmöglich eine schöne, neue Welt ohne CO_2 herbeizaubern wollten. Und dafür Beifall von vielen Berichterstattern und Medien einheimsten. Aber am verantwortungslosesten waren diejenigen wichtigtuerischen Klimaforscher, die mit ihren immer wieder neuen Schreckensgebilden von der Heißzeit und den drohenden Kipp-Punkten, die die Erde aus den Angeln heben, die Stichworte für ein selbstzerstörerisches Angstklima gegeben haben.

André Thess, Professor für Energieforschung an der Universität Stuttgart, hat es zugespitzt auf die Frage: »Wer haftet, falls sich trotz billionenschwerer Investitionen in erneuerbare Energiesysteme im Jahr 2050 keine Dämpfung des Klimawandels einstellt?«[38]

KAPITEL 3

Warum sich Fracking auch am Standort Deutschland lohnt

3. Ohne Fracking hat Erdgas keine Zukunft

Wenn uns vor zehn Jahren jemand gesagt hätte, im Jahre 2022 würde ein Vertreter der Bundesregierung den Bürgern und Unternehmen des Landes erklären, dass bis 2045 das deutsche Gasnetz aus Klimaschutzgründen zurückgebaut werden müsste – wir hätten ihn doch für verrückt erklärt, oder?

Patrick Graichen, Staatsekretär im Bundeswirtschaftsministerium von Robert Habeck (Grüne), hatte auf der *Handelsblatt*-Tagung »Stadtwerke 2022« am 10. Mai 2022 in Berlin die Stadtwerke aufgefordert, mit den Planungen zum Rückbau zu beginnen.[1] Graichen führte zur Begründung aus: »Natürlich ist im Jahr 2045 da kein Gas mehr in den Netzen«. Und der Betrieb einzelner Heizungen mit klimaneutralem Wasserstoff als Erdgasersatz sei »Träumerei«. Bis 2025 sollte es in jeder Kommune eine Wärmeplanung geben, die klare Vorgaben macht, wie lange noch welches Gasnetz betrieben werde, sagte der Staatsekretär.

Das wäre dann der dritte finale Anschlag auf die Sicherheit der Energieversorgung Deutschlands: nach dem Kernenergie- und dem Kohleausstieg folgt der Erdgasausstieg.

Deutschland verfügt mit seinen über 500 000 km an Gasverteilnetzen über eine hervorragend ausgebaute Infrastruktur, über die rund 1,6 Mio. Industrie- und Gewerbekunden sowie mehr als 19 Mio. Haushalte mit Gas versorgt werden. Mehr als die Hälfte aller Haushalte erhalten heute ihre Wärme durch Gas –

entweder direkt über Gasheizungen oder indirekt über Fern- und Nahwärmesysteme.

Herr Graichen rechtfertigt diesen Eingriff unter anderem mit der Situation nach dem Ukraine-Krieg. Doch die Planung verfolgt er schon länger. Wer Herrn Graichen in seiner damaligen Funktion als Direktor der Lobbygruppe AGORA Energiewende vor der Wahl zugehört hat, konnte es schon damals im September 2021 lesen: »Bis 2030 ist der Kohleausstieg vollzogen, bis 2040 folgt der Gasausstieg«.[2] Die Stadtwerke waren entrüstet, hatten sie doch erwartet, dass sie ihre Gasnetze mit Wasserstoff oder synthetischem grünen Gas weiter betreiben könnten.

Michael Riechel, Präsident des Deutschen Fachverbandes Gas und Wasser, DVGW: »Die jüngsten Aussagen von Staatssekretär Graichen aus dem Bundeswirtschaftsministerium sind an Dreistigkeit und Ignoranz nicht zu überbieten. Die Stadtwerke jetzt aufzufordern, den Rückbau der Gasnetze zu planen, ist grob fahrlässig. Herr Staatssekretär Graichen sollte besser seine ideologischen Scheuklappen ablegen«.[3] Damit würde eine Infrastruktur, die mehrere hundert Mrd. Euro wert ist, entwertet, assistierte ihm Ingbert Liebing, Hauptgeschäftsführer des Verbandes kommunaler Unternehmen.[1]

Nicht als Lückenfüller

Schon bei der Ersatzbeschaffung für fehlendes Gas aus Russland stand das eigene Null-CO_2-Ziel für 2045 im Weg. Sowohl Norwegen als auch Katar sind an langfristigen Verträgen von 20 Jahren und länger interessiert, da sie neue Gasfelder erschließen müssen, um den zusätzlichen Bedarf Deutschlands zu befriedigen. Katar war nicht bereit, als Lückenfüller für wenige Jahre zu dienen, und erteilte dem aus Katar euphorisch zurückkommenden Wirtschaftsminister Habeck wenige Tage später eine trockene Absage.[4] Dass Habeck dem potentiellen Handelspartner nur wenige Jahre Laufzeit anbot, weil man ja aus Klimaschutzgründen ab 2030 aus dem Erdgas aussteigen wolle, war schon ziemlich naiv und starrsinnig.

Auch für Norwegen ging es nur um neue Felder, als Wirtschaftsminister und Bundeskanzler im August 2022 antichambrierten: »Wir haben die Unternehmen schon vor dem Krieg gebeten, ihre Produktion zu maximieren. Sie haben bis zu zehn Prozent mehr geliefert«, sagte der norwegische Ministerpräsident Jonas Gahr Störe.[5] Und fügte hinzu: »Mehr geht nicht.«

Diese Botschaft gefiel dem Bundeskanzler augenscheinlich nicht. Scholz hatte zuvor davon gesprochen, die »Energiepartnerschaft« mit Norwegen »ausbauen und vertiefen« zu wollen. Doch zumindest kurzfristig bringt das nichts, wie Store zugibt: »Wir tun, was wir können.«

Auch die Aussichten auf ein schnelles Flüssiggas-(LNG)-Exportgeschäft von Kanada nach Deutschland sind denkbar gering, wie Kanzler Scholz bei einem Besuch in Kanada im August 2022 erfahren sollte. Das Interesse kanadischer Investoren am Bau von LNG-Exportterminals an der Ostküste hält sich in Grenzen, weil sie nicht an eine langfristige Abnahme von Gas durch Deutschland glauben. Das hat mit der Energie- und Klimapolitik der Bundesregierung zu tun: »Diese sendet klare Signale, dass Deutschland so schnell wie möglich aus der Nutzung von Erdgas aussteigen will.«[6]

Da aber erst nach zehn bis 20 Jahren die Investitionskosten von rund zehn Mrd. Euro für ein Exportterminal wieder hereingeholt werden können, steht der geplante deutsche Ausstieg aus allen fossilen Energien einer Lösung im Weg. Zudem gibt es seit geraumer Zeit in allen Ostprovinzen Kanadas von Quebec bis New Brunswick ein Fracking-Verbot.

In Anbetracht des Imports billigen US-amerikanischen Gases nach Kanada ist die Neigung, eigene Quellen zu erschließen und eine Gas-Infrastruktur aufzubauen, gering. Sämtliche Pläne zur Errichtung von LNG-Terminals sind abgeblasen worden.[7] An der Westküste Kanadas befinden sich bereits Exportterminals für den Export nach Asien und ein Zugang zur Pipeline, über die gefördertes Erdgas aus der Provinz Alberta ankommt. Eine entsprechende Pipeline an die Ostküste müsste erst gebaut werden.[6]

Deshalb bevorzugte die Bundesregierung, mit Kanada gleich über den übernächsten Schritt zu sprechen. Das liegt dann auf der ideologischen Linie: Wenn wir schon kein Erdgas bekommen, was wir eigentlich klimapolitisch auch gar nicht wollen, reden wir lieber über Wasserstoff in 20 Jahren. Dann wird Wasserstoff höchst wahrscheinlich nicht als solcher, sondern als Ammoniak transportiert. Wasserstoff lässt sich zu Ammoniak umsetzen. Ammoniak besteht aus Wasserstoff und Stickstoff. Dass man beim Verbrennen von Ammoniak ein veritables Stickoxyd-Problem erzeugt, stört nur die Vision.

Ammoniak ist in der Tat einfacher zu transportieren. Es muss lediglich auf minus 33 Grad Celsius gekühlt werden, wohingegen Wasserstoff erst bei minus 253 Grad Celsius flüssig wird, 20 Grad über dem absoluten Nullpunkt. Ammoniak verfügt auch über eine deutlich höhere Energiedichte als flüssiger Wasserstoff. Im Design der deutschen Importterminals in Wilhelmshaven und Stade ist bereits vorgesehen, dass man später von Flüssiggas auf Ammoniak umsteigen kann.

Auch in Israel steht sich die Bundesregierung mit ihren fossilen Ausstiegsplänen selbst im Weg. Wirtschaftsminister Habeck suchte Israel inmitten der Ukraine-Krise wegen eines möglichen Gasexports auf, denn Israel verfügt über riesige Gasvorkommen vor seiner Küste. Allerdings gibt es weder Pipelines ins Ausland noch LNG-Infrastrukturen. Die Planung der East-Med-Pipeline von Israel nach Griechenland und damit ins europäische Gasnetz wurde mit Rücksichtnahme auf die Türkei, die Förderansprüche stellt, gestoppt, nachdem die US-Regierung unter Präsident Biden die Unterstützung im Januar 2022 zurückzog. Als Begründung gab das US-Außenministerium an, dass »wir uns verpflichtet haben, saubere Energietechnologien zu fördern«.[8] Auch die EU-Kommission zog sich zurück. Ein EU-Beamter erklärte »Die Analyse der Kommission aus der Klimaziel-Folgenabschätzung zeigt, dass die ungebremste

Nutzung von Erdgas nicht mit dem langfristigen Dekarbonisierungsziel vereinbar ist«.[8]

Nicht viel besser machte es Robert Habeck in Israel. Ein Projekt, das erst in sieben bis neun Jahren fertiggestellt sei, sei überflüssig, brüskierte er die Gastgeber.[9] »Ich habe deutlich gemacht, dass Deutschland jetzt Erdgas braucht, um sich von den russischen Lieferungen zu diversifizieren, aber in der mittelfristigen Perspektive schon weniger«, so Habeck. »Eine Infrastruktur, die in sieben oder in neun Jahren fertig ist, die ist eigentlich dann schon überflüssig, weil Deutschland sich sehr schnell von den fossilen Energien wieder loslöst. … Langfristig wird die Kooperation mit der MENA-Region, also mit Nordafrika, mit dem arabischen Raum, vor allem auf erneuerbare Energien ausgerichtet sein.«[10]

Er träumt also lieber den langgeträumten, zwanzigjährigen Traum der Kooperation mit Nordafrika und deren Sonnenenergie. Ob das in sieben Jahren Wirklichkeit wird? Nicht besonders diplomatisch, dies in Israel zu verkünden. Und die Retourkutsche kam prompt. Der Energieberater der israelischen Regierung Amit Mor kommentierte Habecks Gehabe: »Der Konsum von Erdgas wird bis tief ins 22. Jahrhundert bestehen bleiben.«[8] Meiner Einschätzung nach hat Amit Mor recht.

Reaktionsschnelle Politik

Weder in Norwegen noch in Katar, Kanada oder Israel waren zusätzliche Mengen zu akquirieren, denn alle Förderländer haben lange Kontrakte für ihre Gasquellen und halten kein Gas auf Lager, bis Deutschland vorbeikommt. So muss man Anderen das Gas wegkaufen, mehr bieten und einen höheren Preis bezahlen. Um das ohnehin kostengünstigere Pipelinegas aus Russland durch LNG-Gas zu ersetzen, braucht es allerdings eigene LNG-Terminals, die die Bundesregierung an der Nordseeküste plant. Das hatte bereits die Vorgängerregierung der großen Koalition 2020 für 2023 geplant, um den Widerstand der USA gegen den Pipeline-Bau von Nordstream 2 zu brechen und Bedenken gegen eine mögliche Abhängigkeit von Russland zu zerstreuen.[11]

Dutzende von Bürgerinitiativen und das »Klimabündnis gegen LNG« wurden schon 2020 aktiv.[12] Für die Deutsche Umwelthilfe, die die Aktionen mit juristischem Beistand unterstützte, ist die Sache klar: »Um die Klimaziele von Paris zu erreichen, muss der Einsatz von fossilem Gas enden«.[13] Auch »Fridays for Future« war beim Protest dabei, wenn es um die gesicherte Gasversorgung der nächsten Jahrzehnte geht.[12]

Schon damals reichte der Protest bis in die Grüne Partei. So lehnten die Grünen Schleswig-Holstein in ihrem Wahlprogramm für die Landtagswahl 2022 den Bau des LNG-Terminals in Brunsbüttel ab und blieben bei dieser Position sogar noch nach Kriegsbeginn in der Ukraine 2022.[14]

Im Ergebnis blieb Deutschland in Europa das einzige Küstenland, das bis 2022 kein Flüssiggasterminal realisiert hatte (siehe Abbildung 18).

Als es dann jedoch im August 2022 zu einer Bauplatzbesetzung des Wilhelmshaven-Terminals durch die Linksaktivisten von »Ende Gelände« kam, mussten die gerade mal 300 Protestierenden feststellen, dass sich der Zulauf des Protestes auf Grund der veränderten Rahmenbedingungen doch arg in Grenzen hält.[16]

Die Reaktionsschnelligkeit der Politik in Sachen LNG-Terminal ist beeindruckend und macht Mut, dass Deutschland reagieren kann, wenn es will und muss. Der Bundestag hat am 19. Mai 2022 das LNG-Beschleunigungsgesetz beschlossen, das Genehmigungsverfahren von Flüssiggas-Terminals und zugehörigen Anlagen und das Vergaberecht für LNG-Projekte beschleunigen soll. Nach der Zustimmung des Bundesrates am 20. Mai 2022 ist das Gesetz am 1. Juni 2022 in Kraft getreten.

Im Gesetz wird ein überragendes öffentliches Interesse an den LNG-Anlagen festgestellt und attestiert, dass es für die öffentliche Sicherheit erforderlich ist. Im Ergebnis sollen daher Abwägungsentscheidungen aller Behörden zu Gunsten der Errichtung

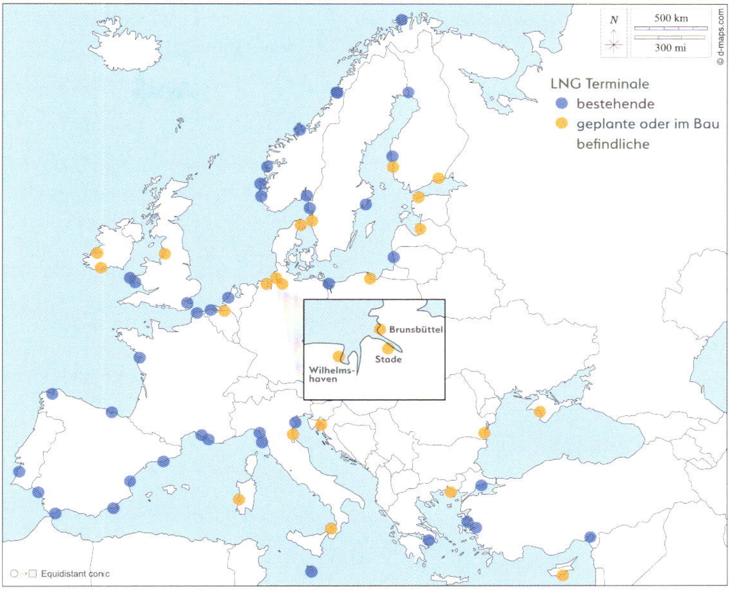

18 Flüssiggasterminals in Europa
Blau: bestehende Terminals, Gelb: geplante oder im Bau befindliche Terminals[15]

entsprechender Vorhaben ausfallen und so zu beschleunigten Entscheidungen beitragen. Auf eine Umweltverträglichkeitsprüfung wird verzichtet, wenn »eine beschleunigte Zulassung geeignet ist, einen relevanten Beitrag zu leisten, um eine Krise der Gasversorgung zu bewältigen oder abzuwenden«.[17]

Im Genehmigungsverfahren wurden die Auslegungsfristen auf eine Woche, Einwendungsfristen ebenfalls auf eine Woche begrenzt (!). Zudem liegt die Durchführung von Erörterungsterminen im Ermessen der zuständigen Behörde; von einer Durchführung soll im Regelfall abgesehen werden.

Allerdings muss das alles natürlich klimapolitisch korrekt zugehen. Daher sind die Genehmigungen für die LNG-Anlagen in Übereinstimmung mit den deutschen Klimazielen bis spätestens 31. Dezember 2043 befristet.

Zum Jahreswechsel 2022/23 sollen nun doch zwei Terminals für Flüssiggas an der Nordseeküste in Betrieb gehen. Im niedersächsischen Wilhelmshaven (Uniper, RWE, ENBW und VNG) und im schleswig-holsteinischen Brunsbüttel (RWE, holländische Gasunie und 50 % Bund/KfW) sollen zum Jahresanfang 2023 die ersten Spezialschiffe, sogenannte Floating Storage and Regasification Units (FSRU), für den LNG-Import in Betrieb gehen. Die Schiffe können das flüssige Gas von LNG-Tankern übernehmen und es noch an Bord in gasförmiges Erdgas umwandeln, um es dann ins Pipelinenetz einzuspeisen. Damit wird vorerst kein LNG-Terminal, sondern nur eine Verbindung von den Schiffen zur Pipeline an Land benötigt. Die Bundesregierung hat sich auf dem Weltmarkt vier Spezialschiffe für drei Mrd. Euro für zehn Jahre geliehen.[18]

Mit Brunsbüttel und Wilhelmshaven können etwa 12 % des deutschen Gasbedarfs gedeckt werden, also immerhin 20 % des russischen Pipelinegases über Nordstream 1.[19] Die Terminals im niedersächsischen Stade (Buss, belgische Fluxys und Dow Chemical)[20] und Lubmin (RWE und die norwegische STENA Power) in Mecklenburg-Vorpommern sind der Regierung zufolge wohl erst Ende 2023 betriebsbereit. Das von privaten Initiatoren vorgestellte zweite Projekt in Lubmin hat bislang noch nicht die Antragsunterlagen eingereicht, so dass eine zeitnahe Realisierung fraglich erscheint.[21]

Propaganda gegen Schiefergas

Ein Teil des importierten Erdgases wird Schiefergas sein oder besser gesagt Fracking-Gas, das die USA als überschüssiges Flüssiggas exportiert. Natürlich ist nicht von der Hand zu weisen, dass der Druck auf Deutschland hinsichtlich der Schließung der Nordstream-2-Gaspipeline seitens der USA nicht nur geopolitischer Natur war, sondern auch durch handfeste Exportinteressen amerikanischen Schiefergases geprägt war. Umgekehrt ist es auch kein Geheimnis, dass Russland seinen Propaganda-Apparat seit über zehn Jahren gegen Schiefergas einsetzte, selbst Präsident Wladimir Putin diskreditierte Schiefergas auf einer internationalen Konferenz, dass bei dessen Förderung »schwarzer Stoff aus den Wasserhähnen kommt«.[22]

In Deutschland lobbyierte Gazprom Germania den Deutschen Bundestag und Schlüsselministerien für ein Fracking-Verbot.[21] *Die Welt* berichtete über eine Veröffentlichung des belgischen Martens Centre for European Studies, wonach die russische Regierung Umweltverbänden, die gegen Fracking mobilisierten, 82 Mio. Euro zukommen ließ.[23]

Was ist dran an der Kritik an Schiefergas?

Das wohl stärkste Gegenargument führt die möglichen zusätzlichen Methanemissionen bei der Förderung im Vergleich zu den konventionellen Erdgasförderungen ins Feld. Tatsächlich gibt es in den USA auf Grund fehlender Rückbauvorschriften eine Menge an verlassenen Gas- und Ölbohrstellen, aus denen Methan ausgast. Die Bohrfirmen müssen lediglich lächerliche 10 000 Dollar Sicherheit für den sicheren Rückbau hinterlegen.[24] Nach Angaben der EPA entweichen 280 000 Tonnen Methan unkontrolliert aus den verlassenen Bohrlöchern.

Das Problem ist so gewaltig, dass in dem vom Repräsentantenhaus verabschiedeten Infrastrukturprogramm des Jahres 2021 alleine 21 Mrd. in die Schließung alter Bohrlöcher fließen soll.[24] Die Maßnahme ist ziemlich simpel: Man stopft so lange Beton in den Hohlraum, bis kein Methan mehr entweicht. Kaum vorstellbar, dass eine solche Gesetzes- und Vollzugslücke in Europa und insbesondere in Deutschland auftreten würde. Schon bei den konventionellen Gasbohrungen waren hierzulande der Rückbau und der sichere Verschluss Gegenstand der Planfeststellungen.

Immer wieder zirkuliert in den sozialen Medien dann auch der oben erwähnte Putinsche Wasserhahn, so etwa im »Gasland-Film«, bei dem ein Bürger den Wasserhahn aufdreht und mit dem Feuerzeug eine Flamme aus dem Wasserhahn anzündet.[25] Die Colorado-Öl- und Gas-Kommission hat die Ursache eindeutig identifiziert: Die Brunnen sind mit oberflächennahem Sumpfgas verunreinigt, das eindeutig biologischen Ursprungs ist.[26]

Das Hauptargument aber ist die Gefährdung des Grundwassers. Das Grundwasser in Deutschland, das für Trinkwasserzwecke benutzt wird, liegt bis maximal 200 Meter Tiefe. Unter dem Grundwasser liegt in der Regel eine wasserundurchlässige Schicht aus Ton. Fracking erfolgt ab einer Tiefe von 1500 Metern, und zwar nur dort, wo eine solche Deckschicht vorhanden ist. Gäbe es Risse im Deckgebirge, würde das Fracking scheitern, da es zu keinem Druckaufbau kommen würde. Nach der Bohrung werden die Bohrmeißel herausgezogen, die Strecke wird verrohrt und das Stahlrohr einzementiert.

Eine detaillierte und lesenswerte Abrechnung mit den politischen Vorurteilen gegen Fracking in Deutschland haben der ehemalige Präsident der Bundesanstalt für Geowissenschaften und Rohstoffe, Prof. Dr. Hans-Joachim Kümpel, zusammen mit dem ehemaligen Ministerialdirektor im Bundeswirtschaftsministerium Werner Ressing in ihrer Denkschrift »Eine Chronik des Politikversagens« vorgenommen.[26a]

Erdgas befindet sich nicht in unterirdischen »Gasblasen«, sondern in Gesteinsporen. Sind diese Poren nicht miteinander verbunden, kann das Erdgas nicht gefördert werden. In einem solchen Fall müssen mittels eines hohen Wasserdrucks (250 bis 780 bar am Bohrkopf) im Gestein feine Risse erzeugt werden.[27] Damit sich diese kleinen Risse nicht schließen, sobald das Wasser wieder abgepumpt wird, wird der Flüssigkeit Sand zugefügt. Die Sandkörner halten die Risse offen. Damit der Sand im Wasser gleichverteilt bleibt und sich nicht absetzt, wird der Flüssigkeit ein Gel aus natürlichem Guar, einer indischen Fruchtart, zugefügt.

Wir kennen Guar als Verdickungsmittel im Soft-Eis. Die im Guar enthaltenen Zucker werden mit Hilfe von Bor- oder Titansalzen zum Gel vernetzt. Wir kennen Borsalze von unseren Waschmitteln und Kosmetika. Um das Gel nach einigen Stunden wieder flüssig abpumpen zu können, wird ein Enzym (Protease) beigefügt, dass das Gel wieder flüssig werden lässt. Die Flüssigkeit besteht zu 99,5 % aus Wasser und Sand, 0,5 % machen Guar und Bor und das Enzym aus. Alle eingesetzten Verbindungen sind nicht toxisch, aber haben selbstverständlich nichts im Grundwasser zu suchen. Wer sich für die einzelnen Schritte der Technik sachkundig machen will, dem sei ein ausgezeichnetes Video, Johann Plank, Professor für Bauchemie, an der TU München, empfohlen.[28]

Mittlerweile entwickeln Explorationsunternehmen chemikalienfreie Fracking-Flüssigkeiten. Setzt man Sande ein, die eine spezifische Dichte von 1 kg / l Wasser haben, können sich die Sandkörner nicht mehr absetzen und der Gelzusatz, die Vernetzungssubstanz sowie Enzyme werden überflüssig. Eine Entwicklung geht dahin, Sandkörner mit einer Kunststoffschicht zu überziehen (Coating), so dass die Chemikalien ebenfalls entfallen können, weil die Sandkörner durch die Beschichtung leichter werden. Es gibt auch eine Entwicklung, Flüssiggas oder überkritisches CO_2 einzusetzen.[28]

Ein Schildbürgerstreich

Wie immer auch die politische Behandlung der Fracking-Technologie in Europa sich darstellen wird – neben Deutschland haben auch Frankreich und Großbritannien Fracking verboten –, nach den USA werden weitere Länder ihre Schiefergasvorkommen nutzen (siehe Abbildung 19).

Kanada und China haben begonnen[28]; Saudi-Arabiens Aramco erschließt zurzeit ein großes Schiefergasvorkommen mit 5700 Mrd. Kubikmeter Gas (57-mal der Jahresverbrauch Deutschlands) in Jafurah (siehe Kapitel 1).[30]

Argentinien hat bereits seit 2013 eine 30 000 km² große Fläche in der Region Vaca Muerta erschlossen und seinen Import auf Null drosseln können. Nun plant die Regierung eine Pipeline nach Buenos Aires, um auch in den weltweiten Export von LNG einsteigen zu können.[31] Für Deutschland wäre das wohl nichts – wir wollen ja in 20 Jahren aus allem außer Erneuerbaren Energien raus.

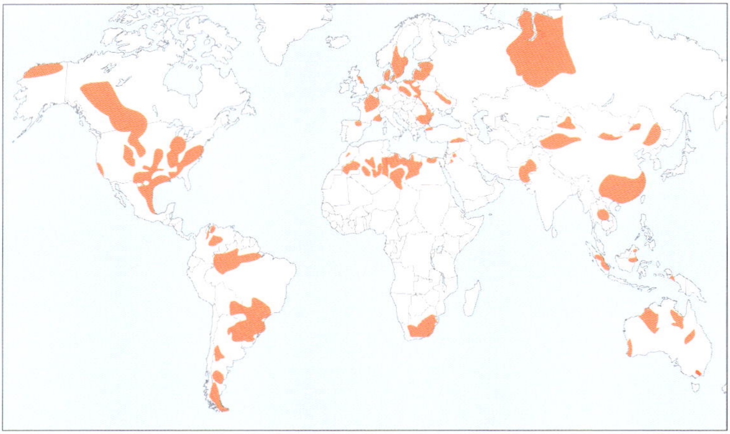

19 Schiefergasvorkommen der Welt
Die US-amerikanische Energie Administration (IEA) sieht die größten Schiefergasvorkommen in China, USA, Kanada, Russland, Südafrika, Australien und Argentinien.[29]
Rot: Bestätigte Schiefergasvorkommen

Dabei hat Deutschland eigene frühe Erfahrungen mit Fracking, denn es kam seit den 1960er-Jahren in konventionellen Lagerstätten dichten Sandsteins zum Einsatz. Seitdem sind über 320 Fracking-Maßnahmen durchgeführt worden; dadurch bedingte Umweltschäden sind nicht bekannt.[32] Etwa ein Drittel der in Deutschland geförderten Erdgasmengen stammt aus Bohrungen, die mit Fracking stimuliert wurden. Für Fracking in unkonventionellen Lagerstätten (Schiefer-, Mergel-, Tongestein und Kohleflöz) liegen in Deutschland allerdings kaum eigene Erfahrungen vor.[33]

Wir wissen, wo das Schiefergas liegt und wir wissen, wie man es fördern kann. Und würde man mit der gleichen Zielstrebigkeit wie bei der Genehmigung von LNG-Terminals vorangehen, wäre auch ein kurzfristiger Aufschluss möglich.

»Solange wir in Deutschland Erdgas benötigen, ist es – freundlich ausgedrückt – ein Schildbürgerstreich, dass wir es nicht bei

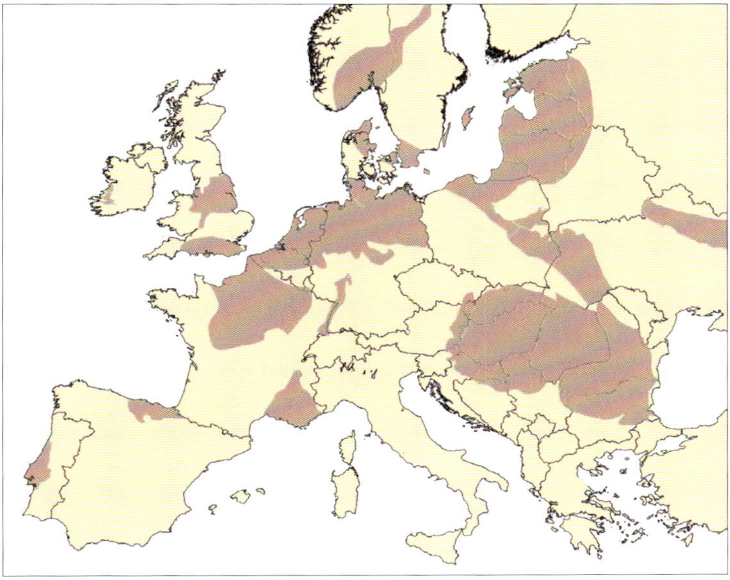

20 Mögliches Schieferöl- und Schiefergas-Potenzial in Europa
Schematische Darstellung geologischer Becken mit möglichem Schieferöl- und Schiefergas-Potenzial in Europa. Das Geoforschungszentrum Potsdam gibt 2,3 Billionen m³ Schiefergasvorkommen an. Das reicht für eine vollständige Gasversorgung von mehr als 20 Jahren aus.[35]

uns fördern«, sagte Hans-Joachim Kümpel, früher Präsident der Bundesanstalt für Geowissenschaften und Rohstoffe.[34] Bis zu 2,3 Billionen Kubikmeter erschließbares Erdgas liegen unter Deutschland im Schiefergestein (siehe Abbildung 20). Die Menge würde ausreichen, das Land über Jahrzehnte mit Erdgas zu versorgen. Binnen eines Jahres könnte in Deutschland mit der Förderung von Schiefergas begonnen werden, sagte Mohammed Amro,[34] der sich an der Bergakademie Freiberg mit Geoströmungstechnik beschäftigt.

Doch es gibt in Deutschland ein Tabugesetz aus dem Jahre 2017, das Fracking in Deutschland verbietet. Das Gesetz sieht grundsätzlich ein Verbot des sogenannten unkonventionellen

Frackings bis mindestens 2021 vor. Danach soll der Bundestag dann entscheiden, ob es bei den Regelungen bleibt. Schon 2017 teilte die Bundesregierung mit: »Das ist eine vergleichsweise strenge Vereinbarung. Denn macht der Bundestag dann nichts, würde das Verbot weiter gelten.«[36] Und genau das ist passiert: Der Bundestag machte nichts.

Im Gesetz stand zwar auch, dass vier Probebohrungen im Schiefer-, Ton- oder Mergelgestein oder Kohleflözgestein zulässig seien. »Die Erprobungsmaßnahmen sollen dem Zweck dienen, die Auswirkungen des Frackings auf die Umwelt, insbesondere den Untergrund und den Wasserhaushalt, wissenschaftlich zu erforschen«, hatte die Bundesumweltministerin Barbara Hendricks erklärt.[33]

Aber geschickterweise wurden die Forschungsvorhaben unter den Zustimmungsvorbehalt der jeweiligen Landesregierung gestellt. Hierdurch sei sichergestellt – so die Bundesregierung –, »dass in den Bundesländern, in denen Vorbehalte gegen das Fracking herrschen, die Möglichkeit besteht, auf politischer Ebene die Erteilung von Erlaubnissen für unkonventionelle Fracking-Vorhaben zu verhindern«.[36] Auch genau das ist passiert, nämlich nicht ein einziges Forschungsvorhaben erfolgte.

Und als Trostpflaster für alle Unterstützer des Frackings setzte die Bundesregierung eine unabhängige Expertenkommission ein, die die Erprobungsmaßnahmen wissenschaftlich begleitet, auswertet und dem Deutschen Bundestag entsprechend berichtet. Die Expertenkommission legte ihren Bericht im Juni 2021 dem Deutschen Bundestag vor. In der Zusammenfassung heißt es, »dass sich die Umweltrisiken aufgrund von Fracking unkonventioneller Lagerstätten durch eine angepasste Steuerung und Überwachung der Maßnahmen minimieren lassen.«[37]

Und auch hier passierte nichts. Bis zur Abfassung dieses Kapitels im September 2022 hatte sich der Deutsche Bundestag mit dem Bericht nicht befasst. Im September 2022 war Wahlkampf in Niedersachsen. Da wollte man das Wahlvolk von Niedersachsen nicht unnötig beunruhigen. Schon seit Jahren hatte die Landesregierung aus SPD und CDU jegliche Probebohrungen hintertrieben, wie der Hauptgeschäftsführer des Bundesverbands Erdgas, Erdöl und Geoenergie, Ludwig Möhring, feststellte. »Landesregierungen, die gesetzlich verpflichtet wären, den Probebohrungen zuzustimmen«, hätten sich »von vornherein ausdrücklich gegen Probebohrungen ausgesprochen. Unsere Industrie hat diese klare Positionierung respektiert und keine Anträge gestellt«, sagte Möhring.[38]

Die FDP wäre wohl bereit, dieses Tabugesetz aufzuheben. Doch die grünen Minister Steffi Lemke und Robert Habeck wehren sich halsstarrig seit dem Kriegsbeginn in der Ukraine gegen diesen Weg der Vernunft. Wirtschaftsminister Habeck: »Ich glaube, dass das nicht der Weg ist, den wir gehen sollten und der uns weiterhilft«.[34]

Verantwortungslos bezeichnete der Rohstoffexperte Kümpel solche Positionen.[34] In Anbetracht des drohenden Wohlstandsverlusts Deutschlands ist verantwortungslos noch milde ausgedrückt. Die Position von Ministerin Lemke und Minister Habeck könnte auch ein Bruch des Amtseides sein: »Schaden vom deutschen Volke abzuwenden«, heißt es dort nach Artikel 64 in Verbindung mit Artikel 56.[39]

Nachdem sich immer mehr Stimmen positiv zum Fracking in Deutschland äußerten, schlug sich Bundeskanzler Scholz auf die Seite der Grünen und lehnte Ende November 2022 Fracking zur Förderung heimischen Erdgases ab. Zitat: »Investitionen in deutsche Schiefergasförderung würden sich kaum lohnen, weil es zu lange dauert, bis man heimische Quellen nutzen könnte – bis dahin wird der Gasbedarf deutlich zurückgegangen sein.«[34a]

In dieser Aussage sind drei Fehler: 1. Es lohnt sich wirtschaftlich, denn es wäre deutlich preiswerter als US-Fracking-LNG-Gas. 2. Es würde auch nur ein Jahr dauern, bis das erste Gas fließen könnte (was Anfang 2023 der Fall wäre, wenn die Bundesregierung verantwortungsvoll gehandelt hätte). Und 3. Der Gasbedarf wird mitnichten zurückgehen. Drei Fehler in einem Satz mit fatalen Folgen für den Standort Deutschland hört man nicht alle Tage von einem Bundeskanzler.

Geopolitische Konsequenzen

Stattdessen setzten der Wirtschaftsminister und die niedersächsische Landesregierung auf Fracking-Gas aus den USA. Der amerikanische Präsident Biden hatte zugesagt, bis 2030 50 Mrd. Kubikmeter Gas pro Jahr, etwa ein Drittel des russischen Exportes nach Europa, zu liefern.[40] Diese Zusage kommt von dem gleichen Präsidenten, der in seinen ersten Amtstagen sämtliche Fracking-Projekte auf öffentlichem Grund gestoppt hatte.[41]

Kurzfristig können die USA die Exporte erhöhen. Und so ist auch der Import von Erdgas vor allem aus den USA und den Golfstaaten seit dem Beginn des russischen Kriegs gegen die Ukraine deutlich erhöht worden. Für den Transport werden LNG-Tanker genutzt, die zuvor Länder wie Pakistan oder Bangladesch beliefert haben. Die zusätzlich nach Europa verschifften LNG gehen zu Lasten ärmerer Nationen, die den extrem hohen Preis, den die Bundesregierung zu zahlen bereit war, nicht zahlen konnten.[42]

Noch können die USA dem Meistbietenden liefern. Doch ernstzunehmende Gas-Analysten sagen für die nächsten Jahre eine Gas-Krise in den USA voraus, da die bestehenden Fracking-Felder in den nächsten fünf Jahren zur Neige gehen und neue zurzeit nicht genehmigt werden.[43]

Während sich der Gaspreis in den USA gegenüber 2021 mehr als verdoppelte, schoss er in Europa auf das Zehnfache.[44] Das Erdgas in Europa kostete 2022 das Achtfache wie in den USA. Auf Grund des Schiefergasüberschusses sind die USA nach wie vor ein Exportland für Erdgas, was den heimischen Markt vor dem Weltmarktpreis schützt.

Das war nicht immer so. Bis zur Förderung aus dem ersten Schiefergasfeld Barnett 2002 waren die USA Erdgasimportland und dem Weltmarktpreis ausgesetzt. Seit der Schiefergasrevolution konnten der Industrie in den USA Gaspreise angeboten werden, die auf dem Weltmarkt unschlagbar waren und zu einer

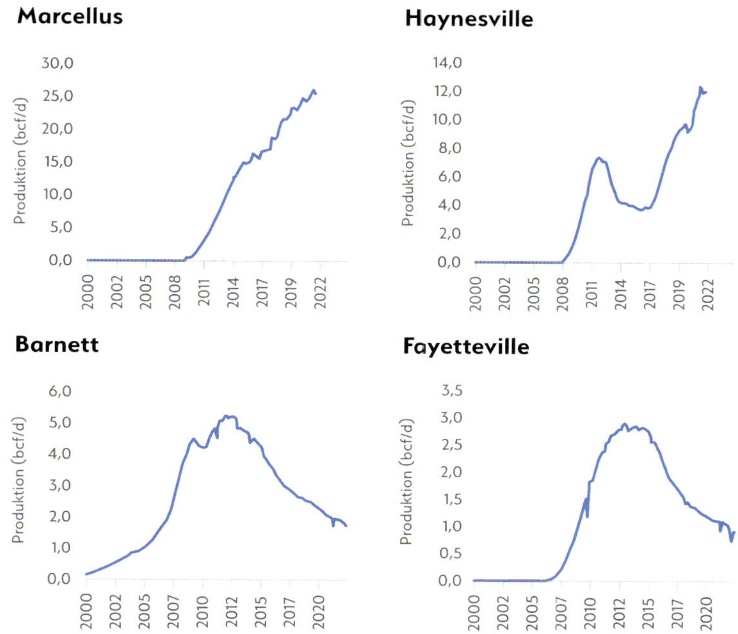

21 Schiefergasförderung
in älteren Feldern (Barnett und Fayetteville) und in den beiden wichtigsten aktuellen Fördergebieten Marcellus und Haynesville[45]

Reindustrialisierung der USA führten. Noch schwimmen die USA im Erdgasüberschuss. Doch wenn keine neuen Felder ermöglicht werden – und das ist die augenblickliche Politik der Biden-Regierung – werden die großen Schiefergasfelder Marcellus, Haynesville und Permian, die 50 % der Gasförderung in den USA ausmachen, ihrem Peak in den nächsten Jahren entgegen gehen. Sie werden sich so entwickeln wie die älteren Gasfelder Barnett und Fayetteville (siehe Abbildung 21).[44]

Hier gilt die eherne Regel der Hubbert-Kurve des legendären Förderexperten der Shell, Marion King Hubbert, wonach die Produktion eines Öl- und Gasfeldes nach der Förderung der Hälfte des Inhalts des Feldes zurückgeht.[46] Die Energieexperten

Goehring und Rozencwajg berechnen einen steilen Rückgang der beiden wichtigsten Schiefergasfelder in den USA ab 2025.[45]

Was passiert, wenn der größte Flüssigexporteur der Welt von einem Überschussproduzenten zu einem Verbraucher mit leichtem Defizit wird? Die US-Preise werden sich dem Weltmarktpreis angleichen, was für die USA eine Vervielfachung der Kosten bedeuten würde. Das würde zu einem Sturm der Entrüstung in Industrie und Bevölkerung führen, denn dort hat man sich an diese preiswerte Gasversorgung gewöhnt. Benzin- und Gaspreise entscheiden dort Wahlen. Um die Kosten in Grenzen zu halten, wird die Regierung nicht zögern, Exportbeschränkungen einzuführen, so wie sie es vor dem Schiefergas-Boom bei Öl und Gas getan hatte.[47] Wir dürfen nicht vergessen, dass vor dem Schiefergasboom die USA eine Gas-Insel war und der erste Flüssiggas-Terminal ein Importterminal war.

Wie schnell die Regierung reagieren muss, zeigten die Ölpreisanstiege 2022. Präsident Biden bettelte nicht nur in Saudi-Arabien um mehr Öl, streckte die Fühler aus nach Venezuela und dem Iran,[48] damit mehr Öl geliefert wird, sondern warf auch 20 % der Ölreserve auf den Markt, um die Öffentlichkeit zu beruhigen.[49] Bei Öl und Gas in den USA gilt: Not kennt kein Gebot. Und so schließt der amerikanische Energieexperte Adam Rosenzwajg nicht aus, dass eine Situation entsteht, in der die USA ein Interesse haben, dass russisches Gas wieder auf den Weltmarkt kommt.[50] Das Interesse der USA, Nordstream 1 und 2 zu ersetzen, könnte dann rapide abnehmen. Besser, das russische Gas kommt nach Europa, als dass es nach China umgelenkt wird.

Doch das könnte mittlerweile zu spät sein. Vor dem Hintergrund der durch die USA und EU vorgenommenen und geplanten Energieboykotte auf Grund des russischen Einmarschs in die Ukraine gaben Russland und China Ende Juli 2022 bekannt, die Planungen für die 2600 km lange Pipeline Power of Siberia 2 aufzunehmen, um Erdgas aus dem westsibirischen Yamal-Feld, das bislang alleine Europa versorgt, nach China umzuleiten (siehe Abbildung 22).[51] Der Bau der Pipeline soll 2024 begin-

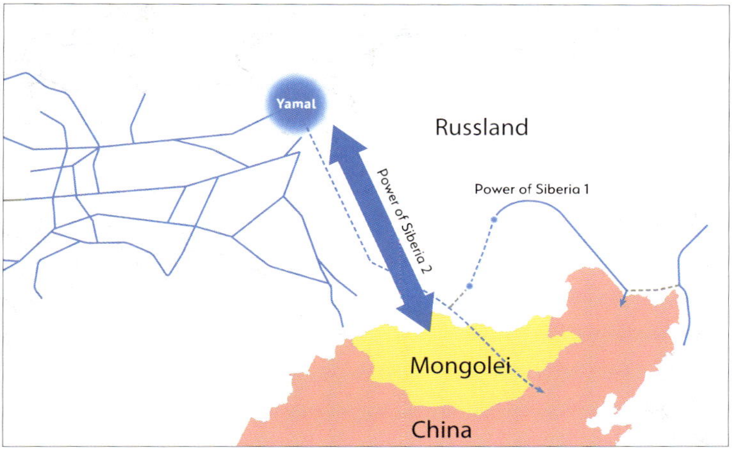

22 Erdgaspipeline Power of Siberia 2
Russland und China haben sich im Sommer 2022 über den Verlauf der Erdgaspipeline Power of Siberia 2 verständigt. Sie soll 50 Milliarden m³ Erdgas aus dem Yamal-Fördergebiet, das bislang Europa versorgt, nach China über die Mongolei transportieren. Die Menge entspricht dem Gasimport von Nordstream 1 nach Europa. Baubeginn 2024[53]

nen und Russland über die Mongolei mit China verbinden. Sie soll 50 Mrd. Kubikmeter transportieren, etwa so viel, wie durch Nordstream 2 transportiert werden sollte. Hans-Werner Sinn beschreibt die geopolitischen Konsequenzen: »Der Westen kann Russland also den Gashahn abdrehen, nicht aber den Geldhahn. Seine Embargopolitik treibt Russland in die Arme Chinas und stärkt gerade dasjenige Land, das die USA in der Zukunft am meisten werden fürchten müssen.«[52]

Parallel zur Veröffentlichung über das Projekt teilte Gazprom seinen westeuropäischen Kunden mit, dass die Belieferung langfristig nicht gesichert ist. Bislang exportierte Russland seit 2019 lediglich 38 Mrd. Kubikmeter pro Jahr nach China aus den ostsibirischen Feldern über die Pipeline Power of Siberia 1.[54]

Nach dem Anschlag auf Nordstream 1 und 2 steigen die Chancen für Fracking – auch in Deutschland.

KAPITEL 4

Wollen wir nur den deutschen Himmel retten?

4. Den Krieg gegen die Kohle beenden

Der Bundeskanzler hat am 6. April 2022 mit dem kolumbianischen Präsidenten Ivan Duque telefoniert, um auf eine Expansion des Steinkohlebergbaus El Cerrejon zu drängen, eine der größten, aber auch umstrittensten Kohleminen der Welt.[1]

Glencore hatte es von BHP und Anglo American für »einen Appel und ein Ei« gekauft. Das Präsidialamt in Kolumbien ließ mitteilen: »Wir haben über die aktuelle Krisensituation bezüglich der Energieversorgung in Europa gesprochen. Es ist daher möglich, dass wir zu diesem Zeitpunkt, in dem Länder wie Deutschland ihre Energiesicherheit stärken müssen, die kolumbianischen Kohle-Exporte erhöhen, damit sie sich gegen Energieknappheit wappnen können.«[2] Leider ist Duque seit dem 7. August 2022 nicht mehr im Amt, da er vom linksgerichteten Gustavo Petro, der die Wahl zuvor knapp gewonnen hatte, abgelöst wurde. Der 62-jährige Petro gehörte in seiner Jugend selbst einer bewaffneten Untergrundbewegung an, verbüßte dafür eine zweijährige Gefängnisstrafe und wurde später parteipolitisch aktiv.

Petro ernannte zu seiner Stellvertreterin die Umweltaktivistin Francia Marquez, die die Kohlemine kritisch sieht: »In La Guajira gibt es die größte Kohlemine in Kolumbien und in diesem Department sterben Jungen und Mädchen an Hunger. Das soll Entwicklung sein?«[3]

Wunschkonzerte in Gesetzesform

Olaf Scholz hätte besser einen Anruf in Sachsen oder der Lausitz getan. Da gibt es auch einen offenen Tagebau mit vorbildlichen Umweltstandards, ohne hungernde Kinder. Aber diese eigene, wettbewerbsfähige Förderung hatte man ja im Kohleausstiegsgesetz nicht mehr haben wollen und in der Koalitionsvereinbarung »idealerweise« schon 2030 die Schließung angekündigt. Und wenn man dann noch die damit verbundenen Kohlekraftwerke mit einer CO_2-Abscheidung versehen hätte, wären auch alle möglichen CO_2- und Klimabelastungen ausgeschlossen worden. Wer das nicht macht, muss eben in Kolumbien anrufen.

Da aber durch die Verringerung der russischen Gasimporte ein Strommangel drohte, beschloss die Bundesregierung, dass Kohlekraftwerke, die nach den Plänen für den Kohleausstieg 2022 und 2023 normalerweise außer Betrieb gehen sollen, weiterbetrieben werden können. Kraftwerke, die bislang als Netzreserve dienen, also eigentlich zur Stabilisierung der Stromnetze, sollen ebenfalls zur Produktion genutzt werden. Dies gilt auch für 1,9 GW Braunkohlekraftwerke aus der Sicherheitsbereitschaft, die bislang also nur im äußersten Notfall wieder hochgefahren werden durften.[4]

Allerdings zögerte der grüne Bundeswirtschaftsminister Habeck sehr lange mit Rücksicht auf seine grüne Basis, der selbst ein befristeter Wiedereinstieg in die Kohlekraft schwer vermittelbar war. Habeck: »Wir haben aktuell ein Gasproblem, kein Stromproblem«.[5]

Doch in seinem »Ersatzkraftwerkebereithaltungsgesetz« wurden die Hürden so hochgelegt, dass bis zum Herbst 2022 außer dem Kraftwerk Mehrum in Niedersachsen kein einziges Kraftwerk ans Netz ging.[6] Denn das Gesetz sah vor, dass Braunkohlekraftwerke erst ans Netz dürfen, wenn die Steinkohlekraftwerke nicht mehr ausreichen. Eine so vage Formulierung war kein guter Garant dafür, nicht unnötigerweise tausende von Mitarbeitern für den Betrieb der Braunkohlekraftwerke wieder einzustellen.[6]

So wurden in den Notstandszeiten der Ukraine-Krise immer noch klimapolitisch begründete Wunschkonzerte in Gesetzesform gegossen.

Im Ergebnis wurden in den Sommermonaten 2022, während des Ukraine-Krieges und gedrosselter Gasimporte, die höchsten Gasverstromungsraten aller Zeiten in Deutschland erreicht, während gleichzeitig die Bürger mit täglichen Spar-Appellen, wie kürzer zu duschen, Raumtemperaturen zu senken und Waschlappen zu nutzen statt zu duschen, in die Pflicht genommen wurden. Da die Gaskraftwerke immer häufiger als teuerste Kraftwerke den Marktpreis für Strom setzten und Gas mehr als zehnmal so teuer wurde, verzehnfachten sich auch die Strompreise. Denn gleichzeitig wurde Frankreich Stromimportland, da von den 57 Kernreaktoren 29 wegen Korrosionsrissproblemen stillstanden.[7]

Das Kohleeinstiegsgesetz wurde bis März 2024 begrenzt. Dieser Begrenzung liegt die irrige Annahme zugrunde, dass bis zu diesem Zeitpunkt die weltweite Energiekrise und die selbst gebaute spezifisch deutsche Energie-Falle aufgelöst seien. Auf jeden Fall ist dieses Datum rechtzeitig vor den Wahlkämpfen der nächsten Wahl 2025 platziert worden. Wegen seiner Begrenzung fand es sogar Zustimmung von Klima-Ökonom Ottmar Edenhofer, Direktor des Potsdam-Instituts für Klimafolgenforschung: »Wir werden Kohlekraftwerke nutzen müssen, auch im Stromsektor, vor allem, wenn wir auch die Steinkohleimporte aus Russland reduzieren wollen«.[8]

Erst im Herbst 2022 war der grüne Wirtschaftsminister bereit, eine bis März 2024 begrenzte Rückkehr auch für Braunkohlekraftwerke zu ermöglichen. Zwölf Kohlekraftwerke mit 7000 MW Leistung sollten nun aus der Reserve geholt werden und nicht stillgelegt werden, um die Stilllegung der letzten drei Kernkraftwerke (4500 MW) und Gaskraftwerke zu einem kleineren Teil zu ersetzen.[9] Um dem angeschlagenem Wirtschaftsminister hinsichtlich der damit verbundenen CO_2-Mehremissionen zu helfen, sprangen ihm RWE-Chef Markus Krebber und die CDU/Grüne-Landesregierung von Nordrhein-Westfalen zur Seite. Man habe sich geeinigt, den Braunkohleausstieg, der für 2038 geplant war, nunmehr um acht Jahre auf 2030 vorzuziehen und insgesamt 5900 MW Braunkohlekraftwerke bis 2030 stillzulegen.

So werden hunderte von Kumpel aus dem Vorruhestand geholt, um anschließend 5500 Arbeitsplätze zu streichen. Als mögliche Kompensation werden Investitionen in 1 GW schwankender Erneuerbarer Energien und 3 GW vom Steuerzahler subventionierter Gaskraftwerke angekündigt. Letztere sollen ab 2030 zu 50 % und ab 2035 vollständig durch Wasserstoff gespeist werden. Wie in Kapitel 7 gezeigt wird ist es aber völlig illusorisch, diese Wasserstoffmengen für Wasserstoff-ready-Gaskraftwerke bis 2030 bereitzustellen.

Mit Halbwahrheiten durchmogeln

Allerdings ist es eine ziemliche Selbsttäuschung und auch Irreführung der Öffentlichkeit, zu glauben, auf den Ersatz von Gaskraftwerken (14 % des Stroms 2021) und wegfallenden Kernkraftwerken (6 %) durch Kohlekraftwerke könne ab 2024 verzichtet werden. Es wird bis 2024 kaum möglich sein, Nordstream 1 und Nordstream 2 durch LNG-Gas zu ersetzen. 2024 wird man vor die Wahl gestellt werden: russisches Gas oder Weiterbetrieb der Kohlekraftwerke.

Scheinheilig ist es auch, den Eindruck zu erwecken, man würde die Klimaziele und den Kohleausstieg für 2030 nicht antasten, wie es Bundeswirtschaftsminister Robert Habeck (Grüne) erklärte.[10] Das wäre nur möglich durch ein massives Investitionsprogramm in Erdgaskraftwerke, wie es in der Koalitionsvereinbarung vom Dezember 2021 geplant war. Doch wer sollte in Anbetracht der explodierten Gaspreise in Gaskraftwerke investieren, zumal nicht einmal gesichert ist, dass genügend Erdgas über die Flüssiggasterminals importiert werden kann und Anstrengungen, den eigenen Erdgasschatz in der norddeutschen Tiefebene zu heben, unterbleiben?

Es ist schon gespenstisch: Anstatt die eigenen Klimaziele notgedrungen zu kassieren, versucht man sich mit Halbwahrheiten und nebulösen Ankündigungen durchzumogeln. Zu den Halbwahrheiten gehört auch, dass ein verstärkter Ausbau von Wind und Sonne das Problem laut Habeck »mit Tesla-Geschwindigkeit«[5] lösen hilft. Das Gegenteil ist der Fall: Jedes neue Windkraftwerk, jede neue Solaranlage erfordert die parallele Bereitstellung eines Backups durch Gaskraftwerkskapazität.

Allein die östlichen Ministerpräsidenten ließen sich nicht von der Ausstiegsorgie aus dem einzigen bedeutsamen heimischen Energieträger, mitten in der tiefsten Energiekrise, die Deutschland jemals erlebt hat, anstecken. Nach dem Ministerpräsidenten von Sachsen-Anhalt, Reiner Haseloff, würde ein Ausstieg vor 2038 den Industriestandort Deutschland »nachhaltig schwächen«[11]: »Es wird eine Energielücke entstehen, die wir nicht schließen können.«[12] Auch der Ministerpräsident von Brandenburg, Dietmar Woidke, reagierte ablehnend: »Die Sicherheit der Energieversorgung steht jetzt im Vordergrund. Hier leistet unsere Lausitzer Braunkohle einen unverzichtbaren Beitrag«.[13]

Beide Ministerpräsidenten ließen sich nicht von den arbeitnehmer- und industriefeindlichen Sprüchen des Staatsekretärs im Wirtschaftsministerium, Michael Kellner, beeindrucken. Kellner, von 2013 bis 2021 Politischer Bundesgeschäftsführer der Grünen, hatte gefordert: »Jetzt gilt es, auch in Ostdeutschland das Ausstiegsziel 2030 anzupeilen. Es wäre fatal, wenn in Ostdeutschland ökonomische Zukunftschancen verspielt würden, weil die Ministerpräsidenten von SPD und CDU an dreckiger Kohle festhalten wollen.«[14]

Aber Kellner ist ein Parteifunktionär, dem es um die Linie der Partei geht, weniger um die des Landes. Er hätte sich schlau machen können über die weltweiten Bemühungen, aus Verbrennungsprozessen CO_2 abzuscheiden, so wie es das Kohlekraftwerk Schwarze Pumpe in der Lausitz vor zehn Jahren schon entwickelt hat.

Abgebaut und verkauft

Man fragt sich, warum niemand in der Bundesregierung auf die Idee kommt, in Anbetracht des Weiterlaufens von Kohlekraftwerken die Forderung nach Abscheidung des CO_2 zu erheben. Die Antwort ist, dass man lieber alles unterlassen will, was Kohlekraftwerke CO_2-neutral und unangreifbar machen würde. Eine solche technologische Verengung ist nur als ideologische Verirrung zu verstehen.

Jetzt wäre der Zeitpunkt gekommen, das in Deutschland bestehende gesetzliche Verbot von CO_2-Abscheidung und anschließender Tiefenverpressung (CCS) abzuschaffen. Das wäre die richtige Antwort auf die jetzige selbstgemachte Energiekrise. Und man wäre sogar im Einklang mit den Forderungen des UN-Klimarats IPCC, der es für erforderlich hält, weltweit CCS einzuführen, um die CO_2-Emissionen in den Griff zu bekommen.

Da Politik und Medien die klare Forderung des IPCC aus dem letzten Sachstandsbericht immer wieder ausblenden oder unter-

23 CCS-Anlage zur Abscheidung von CO_2
aus den Abgasen eines Braunkohlekraftwerkes in Schwarze Pumpe in Deutschland. Sie wurde 2014 stillgelegt und danch nach Kanada verkauft.
Bildquelle: Archiv LEAG, Fotograf: Hartmut Rauhut

drücken, sei sie noch einmal ausführlich zitiert: »Im Gegensatz zum Öl- und Gassektor ist CCS im Energiesektor sowie in der Zement- und Chemieproduktion weniger ausgereift, wo es eine entscheidende Minderungsoption darstellt. Die technische geologische CO_2-Speicherkapazität wird auf eine Größenordnung von 1000 Gigatonnen CO_2 geschätzt, was mehr ist als die notwendige CO_2-Speicherung bis zum Jahr 2100, um die globale Erwärmung auf 1,5 Grad Celsius zu begrenzen. (IPCC 2021, Zusammenfassung für Politiker).[15]

Es gibt das Verbot in Deutschland seit 2012. Pilotvorhaben waren erlaubt, aber alle norddeutschen Länder haben von der Klausel Gebrauch gemacht, selbst solche Forschungsvorhaben auszuschließen. Einer der Hauptinitiatoren für ein Verbot war seinerzeit der Landesvorsitzende der Grünen in Schleswig-Holstein, Robert Habeck, der die Initiative gegen ein CO_2-Endlager mit den Worten unterstützte: »Schleswig-Holstein ist das Land der Erneuerbaren Energien und keine Müllhalde für CO_2.«[16] Er erreichte, dass die damalige CDU-Landesregierung einen entsprechenden Antrag im Bundesrat stellte, der dann später Gesetz wurde. Die in Schwarze Pumpe errichtete Pilotanlage, die als erste weltweit eine funktionierende CO_2-Abscheidung nachwies (siehe Abbildung 23), wurde abgebaut und nach Kanada verkauft.

Die Entstehungsgeschichte des Verbots kenne ich aus eigener Anschauung.

Im Jahre 2008 wurden beim Stromversorger RWE ernsthafte Pläne entwickelt, um aus Kohlekraftwerken CO_2 abzuscheiden und in einem ersten Schritt in tiefe Schichten unterhalb des Grundwasserspiegels zu verpressen. Die Kosten wurden seinerzeit auf 50 bis 60 Euro pro Tonne CO_2 geschätzt. Das war deutlich weniger, als die Vermeidungskosten von CO_2 durch Wind- und Solarenergie in Deutschland ausmachen.

Noch 2011 war es die Ethikkommission, die den Ausstieg aus der Kernenergie empfahl, die die Forderung aufstellte, »Kohleverbrennung zur sauberen Technologie zu machen.«[17] Allen war klar, dass ein hochindustrialisiertes Land nicht innerhalb von 25 Jahren aus zwei Technologien aussteigen kann, die noch im Jahre 2010 70% der Stromerzeugung abdeckten. Daher forderte die Ethikkommission: »Entweder schafft es die Weltgemeinschaft, das aus der Energiegewinnung aus fossilen Brennstoffen abgetrennte CO_2 sinnvoll zu nutzen ... oder die Klimaziele sind auf globaler Ebene nur sehr schwer zu realisieren.«[18]

Jeder einigermaßen kenntnisreiche Politiker wusste, dass die sich entwickelnde Welt, vor allen Dingen China, Südostasien und Indien, die Elektrifizierung ihres Wachstums durch Kohle vornehmen würde.

Bei der Grundsteinlegung des neuen Kohlekraftwerks Hamm in Westfalen 2008 verkündete der damalige Vorstandvorsitzende des RWE-Konzerns, Jürgen Großmann, in Anwesenheit der Bundeskanzlerin Angela Merkel, dass man ein Braunkohlekraftwerk in Hürth plane, bei dem CO_2 abgeschieden werden solle, und eine unterirdische Speicherung für zwei Milliarden Euro plane. Die Kanzlerin lobte: »Wer Kraftwerksneubauten verhindert, der nimmt letztlich enorme Risiken für Arbeitsplätze, Preise und die Zukunft Deutschlands in Kauf ... Insofern hat RWE auch mit seinem Plan, in Hürth ein Kraftwerk in Planung zu nehmen, bei dem auch die CO_2-Abscheidetechnik CCS verwendet werden soll, einen interessanten neuen Schritt ins Auge gefasst ... Ich kann RWE beglückwünschen, dass sie zu den ersten mit einem praktikablen Projekt gehören. Dann haben sie die besten Chancen, ohne dass das jetzt eine Zusage ist, Herr Großmann, auch unter den ersten Kraftwerken noch eine Förderung zu bekommen.«[19]

Das war das Ende von CCS (Carbon capture and sequestration, Kohlenstoff abtrennen und speichern) in Deutschland. Denn in Hamm wurde erklärt, dass eine 500 km lange Pipeline geplant sei, um das abgetrennte CO_2 in unterirdische Lagerstätten in Schleswig-Holstein zu verbringen. Kaum war die Vision über den Ticker der Nachrichtenagenturen gelaufen, wurde ein Sturm der Entrüstung entfacht. Einen Tag später erklärte der schleswigholsteinische Wirtschaftsminister Werner Marnette (CDU), die

Pläne »seien nicht abgestimmt und widersprächen getroffenen Vereinbarungen«.[20]

Die erste Demo gegen ein »CO_2-Endlager« gab es fünf Tage später in Berlin.[21] Die Grünen sammelten Unterschriften und der damalige Landesvorsitzende der Grünen Robert Habeck unterstützte die Initiative mit seinem bereits erwähnten Müllhaldenzitat.[22] Die Landesregierung stellte einen Antrag im Bundesrat, dass man eine solche Technik in Deutschland verbieten möge. Im Juni 2012 war es dann endlich so weit, CCS wurde praktisch bis auf Pilotversuche verboten. Alle norddeutschen Länder machten von der Klausel Gebrauch, selbst solche Pilotvorhaben auszuschließen.

Dass CO_2 relativ ungiftig ist – jedenfalls deutlich ungiftiger als Erdgas – interessierte niemand, ebenso wenig, dass es in Schleswig-Holstein gang und gäbe war, Gebiete des Landes zur Tiefenverpressung von Erdgas in Porenspeicher-Gestein einzusetzen. Es wurde eine Grundwasserverseuchung an die Wand gemalt, obwohl doch die CO_2-Verpressung 2000 Meter unterhalb des Grundwasserspiegels vorgenommen werden sollte. Am Ende stieg Deutschland wieder einmal aus einer Technologie aus.

Den deutschen Himmel retten

Es dauerte bis 2018, bis sich die Deutsche Akademie der Technikwissenschaften erneut mit dem Thema beschäftigte. Da Acatech wohl davon ausging, dass in Deutschland ohnehin das CO_2-Problem der Kohlekraftwerke durch Stilllegung erledigt sein würde, befasste man sich nur noch mit den CO_2-Abgasen aus der Industrie.[23] Es hatte sich mittlerweile bis Berlin herumgesprochen, dass sich prozessbedingte CO_2-Emissionen der Industrie nicht verbieten lassen.

Zementherstellung geht eben nicht ohne CO_2-Emission, denn es wird aus Calciumcarbonat Kalk gebrannt – unter Abgabe von CO_2. Ähnliches gilt heute noch für die Ammoniak-, Düngemittel-, Eisen- und Stahlerzeugung sowie für Raffinerien. Die nämlich liefern nicht nur das ach so üble Benzin, Diesel und Heizöl, sondern viele Dinge unseres täglichen Lebens: Farbe, Kunstfaser, Folien, Beschichtungen, Dämmstoffe, Klebstoffe, Kanülen, Arzneimittel.

Da man das nicht alles verbieten kann, soll CCS helfen, das CO_2 aus der Industrie zu bewältigen: Immerhin entstehen dort heute noch rund 180 Mio. Tonnen, 20 % der Gesamtemission. Wer also eine CO_2-Reduktion zu 100 Prozent will, wie die deutsche Bundesregierung, muss das Problem lösen.

CCS bedeutet die Abtrennung von CO_2 aus den Abgasen, zumeist durch Absorption mit Hilfe basischer Aminlösungen (Monoethanolamin).[24] Das konzentrierte und verdichtete Kohlendioxid muss zur Vermeidung von Säurebildung sehr trocken (weniger als 0,005 % Wasser) in Pipelines oder Tankschiffen zu den Speicherstätten transportiert werden. Dies wird in den USA und Kanada bereits praktiziert.[25] Eine nennenswerte Weiterverarbeitung des CO_2 zu Kohlenwasserstoffen (CCU – Carbon capture and utilisation) scheitert heute noch an den hohen Kosten der Wasserstofferzeugung und dem hohen Energieaufwand für die Umsetzung von CO_2 und Wasserstoff zu Methan. Das erzeugte Gas (0,4 Euro / kWh) ist immerhin zehnmal so teuer wie Erdgas (0,03 Euro/kWh).

Es war nicht zu erwarten, dass Robert Habeck den Weg freigibt für CCS in Deutschland. Doch einige Tage vor Weihnachten 2022 gab es dann eine erste Kehrtwende. Ich stellte bei der Durchsicht der Druckfahne dieses Buches fest, dass das Zitat 22 nicht mehr verfügbar war. Die Grünen Nordfriesland hatten das Mülleimer-Zitat von Robert Habeck gelöscht. Es ließ sich aber per Wayback-Suchfunktion rekonstruieren. Der von mir informierte Redakteur der *Welt*, Daniel Wetzel, bestätigte, dass das Wirtschaftsministerium an einem Papier arbeitet, das CCS neu bewertet. »CCS soll ... vor allem ergänzend zur Minderung technisch schwer vermeidbarer Emissionen aus industriellen Prozessen und der Abfallverbrennung Anwendung finden«, heißt es in dem Entwurf des Ministeriumspapiers.[25a] Wahrscheinlich schwant dem Ministerium, dass nach Absage an die Kernenergie, dem Nein zum Fracking nur noch die Kohle als zuverlässiger, dauerhafter Stromversorger übrigbleibt und eine Verlängerung des bis März 2024 befristeten Weiterbetriebs der Stein- und Braunkohlekraftwerke unabweisbar ist. Deutschland unter grüner Regierungsbeteiligung zum zweitgrößten CO_2-Emittenten (nach Polen) in Europa festzuschreiben wäre ein politisches Harakiri für die Grünen im Wahlkampf 2025. Daher kann man nur hoffen, dass die weitere Öffnung von CCS für Kohlekraftwerke erfolgt, wenn auch als Feigenblatt für die verfehlte Energiepolitik der Grünen.

Würde man diesen Weg beschreiten, hätte man gute Argumente, um von China den Einsatz dieser Technik zu verlangen, da das Land seine riesigen Kohlevorräte weiter nutzen wird. Aber wir wollen ja nur den deutschen Himmel retten.

Andre Länder sind zwischenzeitlich an die Stelle Deutschlands in der Technikentwicklung von CCS getreten. Das ist in gewisser Weise tröstlich. Denn irgendwann einmal wird eine zukünftige Bundesregierung sich an die heimischen Braunkohleschätze erinnern, die Deutschland wettbewerbsfähige, weil vom Weltmarkt unabhängige Strompreise garantieren würden.

Die Speicherung von CO_2 in tiefen, salzwasserhaltigen Gesteinen oder erschöpften Erdgas- oder Ölfeldern kann als erprobt angesehen werden. Immerhin werden weltweit mittlerweile 40 Mio. Tonnen CO_2 in 27 CCS-Projekten auf diese Weise gespeichert (siehe Abbildung 24).[25] Die Formationen sind dadurch begrenzt, dass über dem Speichergestein eine undurchlässige Schicht von Barrieregestein vorhanden sein muss. Des Weiteren sollte das Speicher- und Barrieregestein eine geologische Faltenstruktur aufweisen, um die Ausdehnung des Feldes zu begrenzen. Es werden außerdem nur Felder benutzt, die eine Mindesttiefe von 1000 Metern aufweisen, damit das CO_2 den Porenraum mit hoher Dichte füllt. Im Laufe der Zeit steigt die naturgegebene Speichersicherheit, weil zunehmend CO_2 in Form von Carbonaten dauerhaft in die Speichermatrix eingebaut wird.[23]

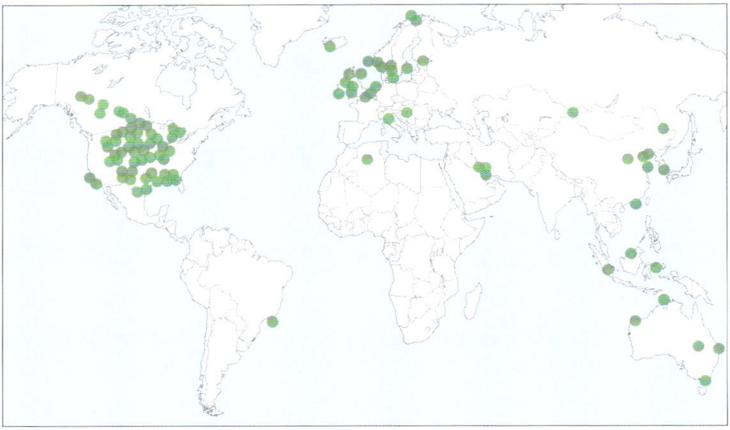

24 Kommerzielle CCS-Projekte
Frankreich und Deutschland haben keine Projekte. Dort ist CCS verboten.
Quelle: Global CCS Institute[26]

Die wohl faszinierendste Entwicklung findet zur Zeit in Island statt. Dort wird CO_2 durch das Unternehmen Carbfix CO_2 aus isländischen Geothermiekraftwerken in wässriger Lösung in tiefe Basalgesteine gepresst. Basalt besteht aus Calcium- und Magnesiumsilikaten. CO_2 verbindet sich mit Calcium und Magnesium und mineralisiert zu einem dolomitähnlichen Festgestein. Während dieser Mineralisierungsprozess bei anderen Sedimenten Hunderte von Jahren dauert, mineralisiert CO_2 im Basalt zu 95 % in zwei Jahren. Basalt ist eine der häufigsten Gesteine auf der Erde insbesondere im Ozeanboden. Die Pilotanlage Hellisheidi in Island soll nun erweitert werden. Island baut hierzu einen Importhafen für CO_2 in Straumsvik.[25b]

Die weltweit 27 Projekte sind unterschiedlichster Natur. Dazu gehören die Herstellung von Wasserstoff aus Erdöl und Erdgas, die Abtrennung von CO_2 in der Stahl- und Zementindustrie und die Abscheidung von CO_2 aus Kohlekraftwerken. Die augenblicklich abgeschiedenen Mengen von 40 Mio. Tonnen CO_2 jährlich erscheinen in Anbetracht der Gesamtemission von 36 Mrd. Tonnen CO_2 sehr gering. Andererseits sind nach dem Global CCS Institute mittlerweile geeignete geologische Schichten von 12000 Mrd. Tonnen identifiziert worden.[25] Rechnerisch würde das die CO_2-Emission der nächsten 300 Jahre abdecken. Für die Speicherung kommen vor allen Dingen die geologischen Schichten in Frage, die seit Mio. von Jahren Öl und Gas fest eingeschlossen hatten.

Das größte Projekt in den USA ist die Erdgasaufbereitungsanlage Century Plant von Occidental, bei der jährlich acht Mio. Tonnen CO_2 gewonnen werden, die in naheliegende Ölfelder gepresst werden.[26] Aber auch in Gaskraftwerken und Kohlekraftwerken wie Petra Nova in Texas wird CCS erfolgreich praktiziert. Petra Nova ist bislang das weltweit größte Projekt bei einem 240 MW Steinkohleblock. Das CO_2 verbleibt in einem Reservoir von 1500 bis 1900 Metern Tiefe.[26]

Eine der ersten Anlagen war die Raffinerie in Port Arthur, Texas. Hier werden jährlich eine Mio. Tonnen CO_2 abgetrennt und in nahe Ölfelder gepresst. In Alberta ist es ebenfalls eine Raffinerie und eine Düngemittelfabrik. Das Kohlekraftwerk Boundary Dam in Sakatchewan (Kanada) liefert eine Mio. Tonnen CO_2 in Ölfelder und in eine ölfreie geologische Schicht.[26]

In Abu Dhabi wird aus den Abgasen des Emirates Stahlwerk 800000 Tonnen CO_2 abgetrennt und mit Hilfe einer Pipeline in die Vereinigten Arabischen Emirate transportiert, wo es in Ölfelder zur Erhöhung der Förderungen eingesetzt wird.[26]

Die chinesischen CCS-Projekte begannen 2017 in Jilin. Im Juni 2022 wurde das zweite Projekt des Enpin-Ölfeldes fertiggestellt. Dort wird CO_2, das bei der Ölförderung anfällt, aufgefangen und in die Reservoire zurückgepresst.[27] 2023 soll das erste, 1000 MW große Kohlekraftwerk mit CO_2-Abscheidung von 1,5 Mio. Tonnen in Zengning ausgestattet werden.[26]

In Europa findet außer in Norwegen, wo aus Gasfeldern wie Sleipner und Snohvit mitgefördertes CO_2 abgetrennt und wieder verpresst wird, und in Großbritannien und in Holland keine Entwicklung statt. In Norwegen müssen alle neuen Gaskraftwerke über CCS-Anlagen verfügen.[28] Norwegen, der größte Ölproduzent Europas, wirbt damit, CO_2 zurückzunehmen. Die Ölgesellschaften Equinor, Shell und Total untersuchen das »Northern Lights Projekt«[26], bei dem CO_2 auch aus EU-Ländern in der Johannsen-Formation, 2600 Meter tief unter der Nordsee, endgelagert werden kann.[29]

Beim Besuch des Bundeskanzlers während der Ukraine-Krise am 16. August 2022 in Norwegen wies der norwegische Ministerpräsident Jonas Gahr Störe sehr entschieden darauf hin, dass man »ohne die Abscheidung und anschließende Speicherung des Treibhausgases ... die Klimaziele nicht erreichen könne.«[30] Norwegen habe sehr große und gute Erfahrung darin, Kohlendioxid in 3000 Metern Tiefe unter der Nordsee einzulagern. »Wir haben Erfahrung und wissen, dass es dort bleibt. Das ist ein sicherer Lagerort.«[30] In der Zukunft könnte »Norwegen die Emissionen ganz Europas unter der Nordsee speichern.«[30]

Die Reaktion von Scholz war aufschlussreich: Bei der Abscheidung von CO_2 »an der Quelle« habe es »faszinierende« technische Fortschritte in den vergangenen Jahren gegeben.[30] Das erinnert daran, dass Scholz sich vor dem deutschen CCS-Verbot neben dem damaligen Ministerpräsidenten von Brandenburg, Matthias Platzeck, als einziger Ministerpräsident für die CO_2-Abscheidung durch CCS eingesetzt hatte. In Hamburg entstehe ein modernes Kohlekraftwerk – »insofern ist die Technik für uns wichtig«, sagte er 2011.[31] Scholz lehnte daher das von Schleswig-Holstein geforderte Vetorecht für die Länder gegen Anlagen auf deren Gebiet ab. Allerdings sagt er auch, dass ihn vor allem eine Speicherung des Klimagases CO_2 unter dem Meer interessiere.[31] Scholz' Bemühungen hatten keinen Erfolg. Nur in Deutschland seit 2012 und Österreich seit 2011[32] gibt es ein CCS-Verbot, in keinem anderen europäischen Land.

In der Nordsee sind rund 200 Mrd. Tonnen Lagerkapazität ermittelt worden[19]. Holland plant 2030 30 Mio. Tonnen durch CCS abzulagern, Großbritannien ab der Mitte des Jahrhunderts 75 Mio. Tonnen. Speicherorte auf See sind ohnehin zu bevorzugen, da die Akzeptanz für Speicherungen an Land sehr gering ist.

Die Kosten belaufen sich nach einer vergleichenden Studie des ifo Instituts[33] auf 65 bis 70 Euro pro Tonne CO_2 im Falle der Abtrennung aus einem Kohlekraftwerk einschließlich Transport und Ablagerung. Die Kosten des Boundary-Dam-Projektes in Texas belaufen sich auf 100 Dollar/t CO_2, die Kosten von Petra Nova in Kanada auf 65 Dollar/t CO_2. Dies entspricht den Kosten der CO_2-Vermeidung durch Erneuerbare Energien in Deutschland, wenn man die Speicherkosten für die volatilen Erneuerbaren Energien wie Wind und Solar nicht berücksichtigt. Addiert man notwendigerweise die Speicherkosten für Erneuerbare Energien hinzu, ist die CCS-Technologie von der Kostenseite den Erneuerbaren deutlich überlegen.

Aber Deutschland schaltet lieber Kohlekraftwerke ab und allenfalls für zwei Jahre einige Kohlekraftwerke wieder an.

KAPITEL 5

10 % der Elektrizität weltweit wird durch Kernenergie erzeugt.

5.
Atomkraft – ja bitte

Inmitten des Ukraine-Krieges machten zwei Meldungen zur Kernenergie Schlagzeilen.

Zum einen bot der ukrainische Energieminister German Galushchenko Deutschland die Lieferung von Atomstrom an. Nachdem am 16. März 2022 das ukrainische Stromnetz mit dem Netz des Verbandes Europäischer Übertragungsnetzbetreiber (ENTSO-E) synchronisiert worden war, könne nunmehr »die Ukraine zum Outsourcer von Strom für Deutschland werden«, so Galushchenko in einem Gastbeitrag für die *Wirtschaftswoche*.[1]

Aus Kernenergie stammen 50% des Stroms in der Ukraine. Hier werden Atomkraftwerke sowjetischer Bauart mit einer Gesamtkapazität von mehr als 14 GW betrieben. Sechs Blöcke im größten Atomkraftwerk Europas in Enerhodar bei Saporischschja befinden sich allerdings seit März 2022 unter russischer Kontrolle.[2] Zu der Vorstellung, dass mit Hilfe auch deutscher Waffenlieferung Saporischschja von der Ukraine zurückerobert wird, um möglicherweise die Bahn frei zu machen für den Kernenergiestromexport nach Deutschland, gab es bislang keinen Kommentar grüner Politiker. Bislang beschränkt sich der Stromexport aus der Ukraine auf Polen und Moldawien.

Die zweite Nachricht war nicht weniger brisant. Der staatliche ukrainische Betreiber Energoatom und die amerikanische Westinghouse Electric Company haben eine Vereinbarung unterzeichnet, wonach neun (!) 1000 MW große Kernkraftwerke des

Typs AP1000 in der Ukraine gebaut werden sollen. Der Präsident von Energoatom, Petro Kotin, erklärte, dass »wir gemeinsam nicht nur ein neues Kapitel in der Geschichte der ukrainischen Kernenergie schreiben, sondern auch einen wichtigen Beitrag zur Energieunabhängigkeit Europas leisten werden«.[3]

Taktische Winkelzüge

Diese bizarren Meldungen erreichten Deutschland, das im Sommer 2022 heftigst über die Verlängerung der Laufzeit der letzten drei verbliebenen Kernkraftwerke sowie der gerade stillgelegten Kraftwerke in Grohnde, Brokdorf und Gundremmingen stritt. Während die FDP, später auch Bundeskanzler Scholz sowie die Opposition eine faktenbasierte Überprüfung einer Laufzeitverlängerung verlangten, flüchteten sich die Grünen in taktische Winkelzüge. Es wäre schwierig, Ersatzbrennstäbe zu beschaffen, außerdem brauche man die Kernkraftwerke nicht mehr, denn sie erzeugten nur Strom und man hätte ja eine Gasknappheit. Dass man Gas in Gaskraftwerken durch Kernkraftstrom ersetzen kann und muss, wurde von der gesamten grünen politischen Führung in Abrede gestellt.

Es erinnerte an die seit den grünen Kernkraftprotesten von Wyhl und Brokdorf in den 1980er-Jahren des letzten Jahrhunderts geführten Debatten, in denen ein Muster zu erkennen ist: Ideologie negiert Fakten. Schon gegen Ende des Sommers stellte sich heraus, dass sich zur Gaskrise eine veritable Stromkrise hinzugesellte, denn der Strompreis wird immer vom teuersten Kraftwerk bestimmt, und das waren nun einmal Gaskraftwerke. Hinzu trat der Ausfall der Hälfte der Kernkraftwerke in Frankreich auf Grund von Korrosionsschäden.[4]

Trotzig blieben die grünen Minister beim Nein zur Laufzeitverlängerung. Die Außenministerin Baerbock bezeichnete eine Laufzeitverlängerung als »Irrsinn«.[5] Wie gesagt: Ideologie negiert Fakten.

Deutlich wird die Denkweise der Grünen bei einem Tweet von Michael Schroeren. Er war unter verschiedenen Umweltministern Pressesprecher, unter anderem unter Jürgen Trittin. Schroeren ging es nicht um die Daseinsvorsorge für ein Land, sondern um die höchstpersönliche eigene Agenda: »Ich habe fast 50 Jahre für den Ausstieg aus der #Atomkraft gekämpft. Jetzt, kurz bevor die letzten vom Netz gehen, lass ich mir den Erfolg nicht klauen ...«[6]

Da greift man in aussichtsloser Position – denn immerhin 80 % der Deutschen sprachen sich für einen Weiterbetrieb der noch laufenden drei Kernkraftwerke aus – auch zu offenkundigen Unwahrheiten.[7]

So veröffentlichten im März 2022 Bundesumweltministerin Lemke und Wirtschaftsminister Habeck einen Prüfvermerk zum Weiterbetrieb von Kernkraftwerken bei möglichen Einschränkungen der Gasversorgung auf Grund des Ukraine-Krieges. Sie räumten ein, dass ein Streckbetrieb der Kernkraftwerke möglich ist, stellen aber den Sachverhalt eines Streckbetriebes völlig falsch dar:

»Die Atomkraftwerke würden dann im Sommer 2022 weniger Strom produzieren, um über den 31. Dezember 2022 hinaus im ersten Quartal 2023 noch Strom produzieren zu können. Insgesamt würde zwischen heute und Ende März 2023 netto nicht mehr Strom produziert.«[8]

Entweder haben die Minister keine Ahnung, oder, was wahrscheinlicher ist, sie versuchen die Bevölkerung hinter die Fichte zu führen. Streckbetrieb bedeutet längere und insgesamt höhere Ausnutzung von Brennstoff über das geplante Zyklusende hinaus und damit die Produktion zusätzlicher Strommengen. So erklärt es die Gesellschaft für Anlagen- und Reaktorsicherheit GRS, eine gemeinnützige Gesellschaft der Bundesrepublik Deutschland und der TÜVs.[9] Demnach würde bis zum 31. Dezember 2022 volle Leistung und danach leicht abfallend bis auf 60 % Ende März 2023 Strom erzeugt.

Die Aussage der Minister ist objektiv falsch, und zwar in einer Frage der existenziellen Versorgung der Bürger in Deutschland mit Energie. In einer Zeit, in der es um Stromabschaltungen, Betriebsschließungen und Kostenexplosion geht, wand sich der Minister monatelang, wie er um die objektive Notwendigkeit einer Laufzeitverlängerung der Kernkraftwerke herumkommen könnte. Schon im Herbst 2022 waren die ersten Folgen der Strompreisexplosion spürbar. 10 % des Mittelstands sahen sich vor dem Zusammenbruch, die Stahlwerke Hamburg und Bremen machten dicht. Die Aluminiumproduktion stand still und die Düngemittelfabriken fuhren ihre Produktion massiv zurück.

Während Deutschland unter den extremen Strompreisen in Not geriet, machten die Grünen im Herbst 2022 Wahlkampf in Niedersachsen mit der Parole »Bye Bye, AKWs«.[10] Und so entschied dann der Bundesminister für Wirtschaft am 5. September 2022, dass am 31. Dezember 2022 die drei noch am Netz befindlichen Kernkraftwerke abgestellt werden sollen.[11] Das Kraftwerk Lingen in Niedersachsen für immer, die beiden anderen sollten abgestellt werden, aber als Reserve bereitstehen. Er konnte sich also nicht einmal zu einem reduzierten Streckbetrieb durchringen.

Die Kernkraftwerke aber aus dem Stillstand wieder hochzufahren, dauert Tage. Sie können für die Versorgungssicherheit bei kurzfristigen Knappheiten nicht dienen. Aber viel schlimmer ist der Einfluss auf die Preise. Sie werden weiter steigen, weil die preiswertesten Kraftwerke stillgelegt werden und bei hohem Strombedarf im Winter die teuersten Gaskraftwerke einspringen müssen. Und die teuersten Kraftwerke bestimmen, wie gesagt, den Strompreis.

Den Verlust von Arbeitsplätzen durch das Abschalten der Kernkraftwerke nimmt grüne Politik in Kauf. Wirtschaftsminister Habeck sprach das deutlich aus: »Ich kann mir vorstellen, dass bestimmte Branchen einfach erst mal aufhören zu produzieren«.[4]

Als Alternative für das niedersächsische Kernkraftwerk Lingen zieht das Wirtschaftsministerium die Stationierung von Dieselgeneratoren auf Schiffen in Erwägung, die vor der Küste ankern sollen. Das ist eine erprobte Lösung für Entwicklungsländer, die in Energieversorgungsnot geraten sind.[7] Besser könnte man den wirtschaftlichen Absturz Deutschlands nicht zum Ausdruck bringen.

Am 17. Oktober 2022 sprach dann endlich Bundeskanzler Scholz ein »Machtwort« und machte Gebrauch von seiner Richtlinienkompetenz als Regierungschef. Er wies die zuständigen Minister an, einen Gesetzentwurf vorzulegen, der einen Weiterbetrieb der Kernkraftwerke bis zum 15. April 2023 ermöglichte.

Wie ideologisch festgefahren die Energiedebatte in Deutschland ist, sieht man an dieser Entscheidung. Während in vielen anderen Nationen der Ausbau oder Einstieg in die Kernenergie forciert wird, muss in Deutschland die verfassungsrechtliche Ultima Ratio der Richtlinienkompetenz des Bundeskanzlers in Anspruch genommen werden, um eine Laufzeitverlängerung eines Kernkraftwerks von 15 Wochen durchzusetzen.[8]

Um die Grünen und die eigene Partei zu besänftigen, beeilte sich der Kanzler zu versichern, dass es beim Ausstieg bleibt. »Am 15. April ist Schluss mit Atomkraft in Deutschland. Bis dahin wird nicht mehr geprüft, sondern so viel produziert, wie die letzten drei Atomkraftwerke hergeben.«[8]

Schon einen Tag nach der Entscheidung gaben die Strompreise nach und sanken in den Folgetagen weiter, von 27 €ct/kWh auf 17 €ct/kWh. Die Energiemärkte reagieren in einer angespannten Situation empfindlich. Diese Reaktion deutet an, was die zögerliche Energiepolitik der Bundesregierung im Jahre 2022 gekostet hat. Durch die unsägliche Kernkraftdiskussion und den viel zu späten Ersatz von Gaskraftwerken durch Kohlekraftwerke kann von einer Verteuerung der Börsenstrompreise um die oben genannte Differenz von 10 €ct/kWh ausgegangen werden. Bei 600 TWh Stromerzeugung sind das 60 Mrd. Euro unnötiger Kosten für alle Stromkunden, private wie gewerbliche, in einem Jahr.

Allerdings ist heute schon erkennbar, dass die Stromknappheit nach dem 15. April nicht vorbei sein wird. Die Gasspeicher werden leer sein und eine Wiederauffüllung durch Ersatz für das russische Pipelinegas wird nur begrenzt möglich sein. Die Folge werden hohe Erzeugungskosten durch Gaskraftwerke sein, die neben Kohlekraftwerken die Kernenergie ersetzen werden.

Weil das extreme Belastungen für Bürger und Industriearbeitsplätze mit sich bringt, denkt die Bundesregierung darüber nach, den Strompreis durch staatliche Subvention in hoher zweistelliger Milliardenhöhe zu subventionieren (Strompreisbremse), so wie sie es schon für die Gaskosten (Gaspreisbremse) mit dem 200-Mrd.-Rettungsschirm getan hat.[9]

Haltlose Versprechen

Die Geschichte des Protestes gegen Kernkraftwerke in Deutschland war schon immer gekennzeichnet durch eine hoch emotionalisierte Debatte. Die Verschärfung der Energiekrise durch den Ukraine-Krieg entwickelt eine Wucht, die den Markenkern der Grünen zerstören kann. Wie immer die politischen Entscheidungen fallen werden, die bei der Abfassung des Buches noch nicht absehbar waren – die Kernenergiedebatte wird in Zeiten der Energiekrise in einem anderen Lichte erfolgen.

2011, im Ausstiegsjahr, konnten die Bürger noch damit ruhiggestellt werden, dass die von der Bundesregierung eingesetzte Ethikkommission die Entwicklung der »Kohleverbrennung zu einer sauberen Technologie« empfahl.[14] Beim Ausstieg aus der Kohle konnte man noch auf die Kombination von (vornehmlich russischem) Gas und Erneuerbaren als Alternative hinweisen.[15]

Die Erfahrung der Bürger war zehn Jahre entspannt. Aus welcher Energieerzeugung die Regierung auch immer ausstieg, ob aus Kernenergie, aus Kohle oder aus der eigenen Gasförderung, die Preise, die Verfügbarkeit, die Versorgungssicherheit waren so lange kein Problem. Die Umfragen seit Fukushima 2011 ergaben immer eine stabile Mehrheit für den Ausstieg, aber nur, solange der Ausstieg nicht spürbar wurde und kaum etwas kostete.

Jetzt, 2022, zeigte sich die Haltlosigkeit der politischen Versprechen. Und die Bürger sind fassungslos, dass diese Verspre-

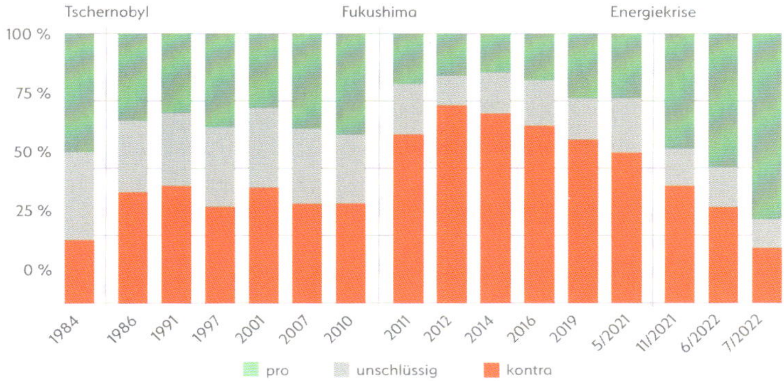

25 Meinung zur Kernkraft in Deutschland seit 1984
Repräsentative Umfragen Allensbach (1984–5/2021) & INSA (11/2021–2022)

Die Einstellung zur Kernenergie wurde maßgeblich von folgenden Einflüssen geprägt: Tschernobyl 1986, Fukushima 2011, Energiekrise 2021. Die Zustimmung stieg bereits in 2021 auf Grund steigender Energiepreise und kippte vollends in Folge der Gaskrise auf Grund des Ukraine-Kriegs.
Quelle: Tech for Future[16]

chen an zwei Pipelines zerbrechen und ihnen Stromabschaltungen, unbezahlbare Heizungskosten, kalte Wohnungen und der wirtschaftliche Absturz Deutschlands drohen.

Die Situation der Stromversorgung im Winter 2022/23 wird noch dadurch verschärft, dass noch im Sommer 2022 30 von 56 französischen Kernkraftwerken stilllagen, weil bei 18 Anlagen Korrosionsschäden festgestellt wurden und die übrigen einem aufwendigen Wartungsprozess mit offenem Ausgang unterzogen wurden. So war zu erwarten, dass die Strommangellage in Mitteleuropa zum Winter hin neu bewertet wurde und ausgerechnet mangelhafte französische Kernkraftwerke die Laufzeitverlängerung der letzten deutschen Kernkraftwerke beförderten.[16]

Der Sprecher der Grünen Jugend, Timon Dzienus, erklärte im Deutschlandfunk, man verfolge die Debatte über einen Weiterbetrieb »mit großer Sorge« und warnte, »diesen gesellschaftlichen Konsens« zum Ausstieg dürfe man »nicht auf Spiel setzen«.[17] Doch diesen Konsens gibt es nicht mehr, er fußte auf falschen, von der Politik verbreiteten Voraussetzungen.

Selbst grüne Wähler stimmen in Umfragen vom Juli 2022 zu 54 % für eine Laufzeitverlängerung.[18] In Meinungsumfragen bekommt der Weiterbetrieb von Kernkraftwerken über das Jahr 2023 hinaus eine deutliche Mehrheit. Das Ergebnis einer Umfrage von YouGov im Auftrag der Deutschen Presse-Agentur im Oktober 2022 ergab eine Zustimmung von 56 % zu einem Betrieb über das Jahr 2024 hinaus, 12 % sprachen sich für einen Betrieb bis Ende 2024 aus, 14 % plädierten für eine Weiternutzung bis 2023 und nur 10 % plädierten für eine Abschaltung Ende 2023.[19] Die generelle Einstellung zur Kernenergie hat sich gedreht: Etwa 70 % sind pro, 20 % sind contra und 10 % sind unschlüssig (siehe auch Abbildung 25).

Selbst die Klimaprotest-Aktivistin Greta Thunberg trug der veränderten energiepolitischen Lage Rechnung, indem sie sich in einem Interview mit dem deutschen Fernsehen dagegen wandte, die noch laufenden deutschen Kernkraftwerke abzuschalten und dafür wieder vermehrt Kohlekraftwerke hochzufahren: »Wenn sie schon laufen, glaube ich, dass es ein Fehler wäre, sie abzuschalten und sich der Kohle zuzuwenden.«[20]

Kurzschlussreaktion

Mittlerweile erscheint die Entscheidung der Bundeskanzlerin Merkel, die vier Tage nach dem Störfall von Fukushima erklärte, dass die ältesten acht Kernkraftwerke abgestellt werden sollten, als hochgradig falsche Kurzschlussreaktion. Da die Bundesregierung ein vom Parlament verabschiedetes Gesetz wie das Atomgesetz nicht einfach außer Kraft setzen kann, sprach der ehemalige Bundesverfassungsrichter Hans-Jürgen Papier von verfassungswidrigem Vorgehen.[21]

Wie immer in krisenhaften Situationen, wie etwa bei der Öffnung der Grenzen 2015 oder in der Coronakrise, ließ sich die

Bundeskanzlerin von der öffentlichen Meinung treiben. Diese war aber durch Angst- und Panikmache, insbesondere der öffentlich-rechtlichen Medien, aufgeputscht und klar auf der Seite des Ausstiegs. Wir erinnern uns noch gut an die täglichen abendlichen Brennpunkte in ARD und ZDF mit dem immer wiederkehrenden Ranga Yogeshwar, in deren Folge in Deutschland, 9000 Kilometer von Japan entfernt, die Geigerzähler ausverkauft waren.

Es ist mit großer Wahrscheinlichkeit anzunehmen, dass ein anderer Bundeskanzler zunächst Ursachenforschung betrieben hätte und nach dem Abklingen der ersten verständlichen Erregung und Angst entschieden hätte, was im Interesse Deutschlands und nicht im Interesse des eigenen politischen Überlebens notwendig war.

Eine nähere Untersuchung hätte ergeben, dass der Unfall in Deutschland niemals hätte passieren können, wie auch die Reaktorsicherheitskommission feststellte. Denn abgesehen davon, dass die Kraftwerke von Fukushima zu gering gegen Flutwellen und Überschwemmung geschützt waren, gab es dort auch nicht das im Jahre 1986 in Deutschland eingeführte »Wallmann-Ventil«.

Ein solches Ventil sorgt dafür, dass bei Überdruckbildung im Sicherheitsbehälter (containment) Gas gefiltert und der Druck entlastet werden kann. Das Wallmann-Ventil war im Zuge der Überarbeitung der Sicherheitskonzepte deutscher Kernkraftwerke nach der Katastrophe von Tschernobyl eingeführt worden. Auch die sogenannten »Töpfer-Kerzen«, d. h. Wasserstoff-Rekombinatoren, die gasförmigen Wasserstoff katalytisch mit Sauerstoff zu Wasser oxidieren und mit denen deutsche Kernkraftwerke längst nachgerüstet waren, hätten eine Wasserstoffexplosion wie in Fukushima in Deutschland vermieden.[22]

Durch die Einrichtung einer Ethikkommission, die sich dadurch auszeichnete, dass in ihr kein einziger Energiefachmann vertreten war, allerdings mehrere Kirchenvertreter und Ausstiegsaktivisten, erhielt die Bundeskanzlerin Merkel ein Votum, das sie für eine gesetzliche Regelung brauchte. Am 9. Juni 2011 erklärte sie im Deutschen Bundestag: »Die Nutzung der Kernenergie wird bis 2022 beendet«. Am 30. Juni 2011 beschloss der Bundestag in namentlicher Abstimmung bei wenigen Gegenstimmen (einer der wenigen Mutigen war Arnold Vaatz, CDU) das »13. Gesetz zur Änderung des Atomgesetzes«, das die Stilllegung aller Kernkraftwerke bis 2022 vorsah.

Die damals bürgerliche Regierung von CDU und FDP glaubte, dass viele Länder dem deutschen Beispiel folgen würden. Der damalige FDP-Generalsekretär Lindner forcierte den Ausstieg mit der Begründung: »Durch Fukushima hat sich die Bedeutung des Wortes Restrisiko verändert, wie auch die demokratische Akzeptanz der Kernenergie. Darauf mussten wir reagieren«.[23] Der damalige CDU-Generalsekretär Gröhe verstieg sich sogar zu der Aussage: »Die Kernkraft aber ist vor allem das Erbe Helmut Schmidts, ein Kind der sozialliberalen Fortschrittseuphorie.«[24]

Folgeschäden

Wenn man sich an diese damalige fundamentale Neupositionierung der beiden bürgerlichen Parteien erinnert, versteht man deren lendenlahme Position in Sachen Kernenergie im Jahre 2022.

Nach dem Reaktorunfall in Fukushima in Japan gab es ein einziges Land auf der Welt, das daraufhin einen Ausstieg aus der Kernenergie beschloss: Deutschland. Trotz Fukushima kamen alle anderen Kernenergieländer der Welt zu anderen Schlussfolgerungen. China wird zwischen 2022 und 2025 voraussichtlich sechs bis acht neue Kernkraftwerksblöcke pro Jahr genehmigen.[25]

Spanien, Belgien, die Schweiz, USA und Schweden verlängerten die Laufzeit ihrer Kernkraftwerke. Holland und Polen planen den Einstieg in die Kerntechnik. Schweden, das in den 1980er-Jahren beschlossen hatte, bis 2000 alle Kernkraftwerke zu schließen, hat mittlerweile den Betrieb einzelner Kraftwerke bis 2040 erlaubt. Sogar der Ersatz bestehender Kernkraftwerke ist in diesem seit Jahrzehnten von Sozialdemokraten geführten Land nunmehr möglich. Die schwedische Ministerpräsidentin Magdalena Andersson erinnerte Bundeskanzler Scholz bei seinem Besuch am 16. August 2022 in Schweden daran: »In Schweden gibt es Nuklearenergie, die wird noch lange bleiben, und es ist auch erlaubt, neue AKWs zu bauen.«[26]

In Deutschland war die Laufzeitverlängerung ein halbes Jahr vor dem Ausstiegsbeschluss ebenfalls erfolgt: Im Herbst 2010 beschloss der Deutsche Bundestag eine Verlängerung um acht Betriebsjahre für ältere Kraftwerke und um 14 Jahre für jüngere Kraftwerke. Danach wäre Brokdorf im Jahre 2036 vom Netz gegangen. Noch 2008 sagte Bundeskanzlerin Merkel: »Ich halte es nicht für sinnvoll, dass ausgerechnet das Land mit den sichersten Atomkraftwerken die friedliche Nutzung der Kernenergie einstellt.«[27] Drei Jahre später war sie anderer Meinung.

Die Folgeschäden der Fehlentscheidung der Kanzlerin und des Deutschen Bundestages für den Wohlstand Deutschlands sind immens. Denn in der Regierungserklärung von 2009 hatte die CDU-FDP Koalition das Ziel der Vorgängerregierung einer 40-prozentigen CO_2-Minderung bis 2020 übernommen.

Ein Großteil der durch den Ausstieg wegfallenden, CO_2-freien Stromproduktion musste nun durch Kohle- und Braunkohlekraftwerke ersetzt werden. Um die CO_2-Ziele trotz Kernenergieausstiegs dennoch einzuhalten, mussten andere Bereiche herangezogen werden, wie der Verkehr, die Wärmeversorgung und die Landwirtschaft, die mit weiteren CO_2-Einsparvorgaben belastet wurden. Am Ende wurde sogar der Verbrennungsmotor geopfert, eine Schlüsseltechnologie Deutschlands.

Die dritte Generation

Vergessen wir für eine Weile Deutschland. Was macht die übrige Welt? Immer noch halten sich die Narrative, dass die Kernenergie keine Zukunft in den Energieplanungen der Nationen hätte. Claudia Kemfert, unerschrockene Aktivistin, die es mit Fakten nicht immer so genau nimmt, ist sich ganz sicher: »Nur wenige Staaten weltweit bauen neue Atomkraftwerke. Es sind allesamt Länder, die den AKW-Bau ohne demokratische Partizipation, dafür mit umso größeren staatlichen Subventionen ermöglichen. Meist geht es dabei nicht um die Energieversorgung der Bevölkerung, sondern um die Sicherung macht- und geopolitischer Stärke.«[28]

Wie sieht die Realität aus? Heute gibt es 440 Kernkraftwerke in 33 Ländern mit einer Kapazität von 390 000 MW, die 10 % der Elektrizität der Welt produzieren. 55 Kernkraftwerke sind in der Bauphase und kommen bis 2027 ans Netz, die meisten schon 2022/2023.[29] Natürlich sind darunter auch undemokratische Staaten wie China, Russland, Weißrussland oder die Vereinigten Arabischen Emirate. Aber allesamt undemokratisch? USA, Slowakei, Argentinien, Frankreich, Korea, Großbritannien, Indien? Das lässt sich einfach nachlesen auf der Internet-Seite des Welt-Kernenergie-Verbandes.[29] Eigentlich kann da jeder draufschauen, auch deutsche Professorinnen.

Viele dieser 55 in der Bauphase befindlichen Kernkraftwerke gehören der dritten Generation an. Das Ziel der Sicherheitsanforderungen der dritten Generation ist, dass selbst bei schweren Unfällen die Auswirkungen auf die Anlage beschränkt bleiben sollen. Auch eine Kernschmelze soll nicht zur Freisetzung radioaktiver Stoffe führen.

Selbst bei einer Kernschmelze könnte die Schmelze im Reaktordruckgefäß oder – wie beim EPR (European Pressurized Water Reactor oder Evolutionary Power Reactor) vom französischen Konzern AREVA – in einem speziellen Auffangbecken zurückgehalten und die Wärme kontrolliert abgeführt werden.[30] Diese Weiterentwicklung wurde am neuesten finnischen Reaktor in Olkiluotu angewandt. Ein weiterer EPR wird zurzeit in Frankreich (Flamanville) gebaut. In China steht einer in Betrieb und einer ist im Bau.

Kraftwerke der dritten Generation werden auch vom US-amerikanischen Unternehmen Westinghouse angeboten, dessen AP1000 (Advanced Passive Plant, elektrische Leistung circa 1100 MW) in China und den USA errichtet werden.[30]

Der russische Staatskonzern Rosatom bietet die sogenannten WWER-Druckwasserreaktoren der dritten Generation an. Solche Anlagen sind bereits in China, Indien, Iran und Russland im Betrieb.[30] China hat mittlerweile eine eigene Baureihe aufgelegt: den Hualong One (1100 MW).[31]

Der Stand der heutigen Kernkraftwerkstechnik wurde auf Grund einer Reihe von schwerwiegenden Störfällen von Harrisburg über Tschernobyl bis Fukushima weiterentwickelt. Er ist aber auch durch die immer stärker werdende Anti-AKW-Bewegung seit den 1970er-Jahren vorangetrieben worden.

Kaum jemand ist sich darüber im Klaren, dass das Kernkraftwerk Wyhl am Kaiserstuhl (Oberrhein) ohne ausreichenden Berstschutz geplant war. Erst nachdem am 23. Februar 1974 28 000 Atomkraftgegner das Baugelände besetzten und wenige Wochen später das Verwaltungsgericht Freiburg die Teilerrichtungsgenehmigung aufhob, einen vorläufigen Baustopp verfügte und verlangte, dass das Kernkraftwerk nur mit einem Betonmantel als »Berstschutz« errichtet werden dürfte, wurde diese Anforderung zum neuen Standard.[32]

Ein solcher 1,20 Meter dicker Betonmantel war zum ersten Mal für das parallel durch die BASF auf dem Werksgelände in Ludwigshafen geplante Kernkraftwerk vorgesehen, also in unmittelbarer Nähe eines städtischen Ballungsraumes. Die Freiburger Richter argumentierten logisch, dass die Bauern am Oberrhein das gleiche Recht auf Schutz haben wie die Städter von Ludwigshafen und Mannheim.

Im Verlauf der Zeit stiegen die Kosten der zusätzlichen Sicherheitsanforderungen, etwa eines Auffangbehälters im Kernschmelzfalle (Core Catcher), einer Ummantelung gegen Flugzeugabstürze oder mehrfach redundanter Sicherheitsaggregate. Die Kosten stiegen so stark an, dass die letzten gebauten Kernkraftwerke in Olkiluoto auf 11 Mrd. Euro[33] und das englische Kraftwerk Hinkley Point auf gigantische 27 Mrd. Euro[34] Investitionskosten anstiegen. Letzteres liefert daher Strom für 10,5 €ct/kWh, ein für Kernkraftwerke ungewöhnlich hoher Strompreis.

Die Anti-AKW-Bewegung und auch Claudia Kemfert vom DIW (»zu teuer und zu gefährlich«[35]) konnten noch vor einigen Jahren der Hoffnung sein, dass die Kostenexplosion bei Neubauten das Thema Kernenergie wirtschaftlich erledigen würde. Doch einerseits die massiv ansteigenden Kosten für CO_2-Zertifikate bei Kohle und Gaskraftwerken und die jüngste Verteuerung von Kohle, Gas und Öl andererseits führten zu einer unvorhergesehen weltweiten Renaissance der Kernenergie. 10,5 €ct/kWh sind eben nicht besonders viel, wenn der Strompreis aus Kraftwerken am Spotmarkt der europäischen Strombörsen Mitte August zwischen 40 und 50 €ct/kWh gehandelt wurde.[36] Und schon zehn Tage später wurden am Spotmarkt 64,8 €ct/kWh aufgerufen.[37]

Dass Wind- und Solaranlagen mit solchen Kernenergiekosten gut mithalten können, lässt den Kernenergieboom aber nicht zusammenfallen, denn wenn man gesicherte Leistung aus Wind- und Solaranlagen mit Kernkraftwerken vergleicht, schneidet die Kernenergie immer noch günstiger ab.

Interessanter für die Weiterentwicklung der Kerntechnik sind jedoch nicht die im Bau befindlichen und heute geplanten Kernkraftwerke. Erst mit einer neuen Generation inhärent sicherer Kernkraftwerke und der Möglichkeit, das Problem der langlebigen Rückstände zu lösen, hätte die Kernenergie eine hohe Akzeptanz, aber wahrscheinlich auch eine noch bessere Wirtschaftlichkeit. Denn, auch wenn durch die höhere passive Sicherheit der Reaktoren der dritten Generation schwere Unfälle mit Austritt von Radioaktivität nahezu unmöglich gemacht werden, können sie doch niemals völlig ausgeschlossen werden. Das Ziel für die dritte Generation ist die maximale Eintrittswahrscheinlichkeit eines solchen Schadens einmal in zehn Millionen Jahren.[38]

Aber es sollte Null sein.

Daran arbeiten weltweit Forscher in unzähligen Projekten, nur nicht in Deutschland.[39] Denn die bis 2002 gültige Zweckbestimmung des Atomgesetzes, die Erforschung der Nutzung der Kernenergie zu fördern, wurde ersatzlos gestrichen. Die Kernforschung zum Zwecke der Energieerzeugung wurde in unserem Land eingestellt.

Die vierte Generation

Die Kerntechnik der vierten Generation, an der weltweit geforscht wird, arbeitet überwiegend mit schnellen Neutronen. Die Kraftwerke sind in der Lage, auch nicht spaltbare Atomkerne durch Neutroneneinfang zu spaltbaren zu machen. Natururan hat ja nur 0,7 % spaltbares Material von U-235. Für herkömmliche Reaktoren wird der Brennstoff auf 4 bis 5 % angereichert. Die restlichen 95 % U-238 werden energetisch nicht verwertet.

Mit schnellen Neutronen ist das möglich. Damit wird das Problem der begrenzten Reichweite der Uranvorkommen gelöst, zugleich aber auch das Problem des Atomabfalls, denn dieser kann als Ausgangsstoff zur Energiegewinnung eingesetzt werden. Dabei werden durch die schnellen Neutronen die langlebigen Inhaltsstoffe des Atomabfalls in Spaltprodukte überführt, die dann anstelle von einer Million Jahren »nur noch« 500 Jahre sicher in einem Endlager eingeschlossen werden müssen.[40]

Diese Technik nennt man »Transmutation«. Selbst wenn es nicht um die kostengünstige CO_2-freie Stromerzeugung durch Kernenergie ginge, müsste sich Deutschland mit dieser Technologie befassen, denn sie sichert die Umwandlung der über Zehntausende von Jahren langlebigen Rückstände in Stoffe, die bereits nach einigen hundert Jahren als abgeklungen gelten.

Augenblicklich gibt es weltweit sechs verschiedene Forschungskonzepte der vierten Generation.[39] Am weitesten fortgeschritten ist das russische Brüterkonzept BREST[41]. Der 300 MW große Reaktor ist in der Region Tomsk im Bau und soll mit Hilfe schneller Neutronen die Rückstände aus abgebrannten Brennelementen nutzen, um Strom zu erzeugen.[42] Er soll 2026 fertiggestellt sein.

Am Netz ist bereits der chinesische Hochtemperaturreaktor HTR-PM[43]. Er arbeitet nach dem Konzept des 1986 in Deutschland stillgelegten Kugelhaufenreaktors, einem heliumgekühlten Hochtemperaturreaktor auf Thoriumbasis. Der chinesische Reaktor wird anstatt mit Thorium mit auf 8,5 % angereichertem Uran betrieben.[44] Zwei Reaktoren, genannt HTR-PM, treiben seit Ende 2021 in der Shandong-Provinz eine 210 MW große Turbine an, die an das Netz angeschlossen werden konnte.

Vielversprechend sind die Entwicklungen, bei denen der spaltbare Brennstoff in 600 Grad Celsius heißem, geschmolzenem Salz gelöst und gleichmäßig im Primärkreislauf des Reaktors verteilt ist (Molten Salt Reactor, MSR).[39] Es gibt keine Brennstäbe, die durch Wasser gekühlt werden müssen; die Spaltreaktion findet direkt im Primärkreislauf statt. Bei Überhitzung kühlt sich der Reaktor von selbst ab, da die Salzschmelze sich dann ausdehnt und die Neutronen auf weniger spaltbare Atome treffen, was die Kettenreaktion bremst. Diesen Weg der inhärenten Sicherheit beschreitet die von Bill Gates gegründete Firma Terrapower.

Den ersten 2-MW-Testreaktor der Flüssigsalztechnologie mit dem Kernbrennstoff Thorium hat allerdings China im September 2021 fertiggestellt.[45]

Ein weiterentwickeltes MSR-Konzept mit zwei Kreisläufen (Salzschmelzkreislauf und Kühlkreislauf getrennt) ist der Dual-Fluid-Reaktor (DFR).[46] Er wurde als privates Projekt von Kernphysikern aus Deutschland ohne staatliche Zuschüsse entwickelt und hat mittlerweile weltweit Patente. Die Beschreibung des Reaktors durch die Erfinder liest sich wie die Beschreibung des Steins der Weisen:

- Der DFR erzeugt wie die meisten Konzepte der vierten Generation keinen langlebigen Atommüll, im Gegenteil, er baut den bestehenden Atommüll ab;
- die Energieeffizienz soll etwa 1000 Mal so groß wie bei Stromerzeugungen auf Basis Erneuerbarer Energien sein;
- das Kraftwerk ist inhärent sicher;

- die Erzeugungskosten für Strom sollen für ein Großkraftwerk von 1500 MW elektrischer Leistung bei 1 €ct pro Kilowattstunde liegen.

Etwas überambitioniert nennt das Dual-Fluid-Team sein Konzept Kernenergie der fünften Generation.[46] Die Patentinhaber, die sich im privaten Institut für Festkörper-Kernphysik in Berlin organisiert haben, haben ihre Zelte mittlerweile in Vancouver in Kanada aufgeschlagen und eine erste Finanzierungsrunde erfolgreich abgeschlossen. Vom Patent zum Reaktor ist noch ein weiter Weg, auf dem vor allen Dingen die materialtechnischen Probleme bei Temperaturen bis zu 1000 Grad Celsius gelöst werden müssen.

Neuanfang braucht Ideologiewechsel

Es ist schwer abzuschätzen, welche Konzepte sich am Ende durchsetzen werden. Nur eins ist klar: Die Weiterentwicklung der Kernenergie wird einen steigenden Beitrag zur Energieversorgung einer wachsenden Welt leisten. China, Russland, Indien und Südostasien werden die Träger dieser Entwicklung sein.

Je mehr die Unzulänglichkeiten einer Energiewende auf 100 % Wind- und Solarbasis in den nächsten Jahren zutage treten werden, umso mehr sollte die Offenheit kluger politischer Köpfe auch in Deutschland wachsen, sich mit einem neuen, sicheren Kapitel der Kernenergie zu beschäftigen. Zwanzig deutsche Professoren haben am 26. Juli 2022 beim Deutschen Bundestag die sogenannte Stuttgarter Erklärung eingereicht. Eine Petition gegen das Abschalten der letzten drei Kernreaktoren.[47] Der Initiator der Petition, der Energieforscher André Thess, kommt zum Ergebnis: »Der deutsche Atomausstieg fußt somit auf Politikberatungspfusch«.[47]

Für einen Neuanfang braucht es einen Ideologiewechsel in der politischen Führung, vor allen Dingen aber ein Umdenken in den Redaktionsstuben deutscher Medien, in denen nach einer Untersuchung des Kommunikationswissenschaftlers Hans Mathias Kepplinger, bis zu seiner Emeritierung langjähriger Professor an der Johannes Gutenberg-Universität Mainz, 70 % der Journalisten immer noch der Auffassung sind, Fukushima habe »endgültig bewiesen«, dass »die Risiken der Kernenergie nicht tragbar sind«.[48]

Wir sollten uns alle an Helmut Schmidts weitsichtige Aussage aus dem Jahre 2008 erinnern: »Ich finde es erstaunlich, dass unter allen großen Industriestaaten der Welt – von den USA bis China, Japan und Russland – die Deutschen die Einzigen sind, die glauben, sie könnten ohne Kernkraft auskommen. Wir haben praktisch unseren Kohlebergbau aufgegeben, wir haben so gut wie kein Öl in unserem Boden, auch nicht vor unseren Küsten. Deshalb liegt es nahe, dass Deutschland einen Teil seiner Energie aus Kernkraft bezieht. Natürlich hat Kernkraft ihre Risiken. Es gibt aber keine Energie und nichts auf der Welt ohne Risiken, nicht einmal die Liebe«, sagt der Ex-Kanzler.[49]

Dass sich die bisherigen Betreiber von deutschen Kernkraftwerken, E.ON, RWE und EnBW schwertun mit einem Wiedereinstieg, ist nach den politischen Springprozessionen gut nachvollziehbar. Als Lösung für eine Laufzeitverlängerung der bestehenden Kernkraftwerke bietet sich an: die Übernahme der Kernkraftwerke durch den Bund mit einer Betreiberschaft durch die Energieunternehmen.

Eine staatliche Beteiligung war früher durchaus üblich, RWE war kommunal beeinflusst, EnBW weist heute noch eine Landesbeteiligung auf. Ich selbst war als Umweltsenator der Freien und Hansestadt Hamburg Aufsichtsratsvorsitzender der HEW AG, die zu mehr als 75 % der Stadt gehörte. HEW war an vier Kernkraftwerken, nämlich Stade, Brunsbüttel, Krümmel und Brokdorf, beteiligt.

Als Aufsichtsratsvorsitzender habe ich 1992 eine Satzungsänderung für die damalige HEW durchgesetzt, wonach der Verzicht auf die Nutzung der Kernenergie »so zügig, wie das rechtlich möglich und für die Gesellschaft wirtschaftlich vertretbar ist«, durchgeführt werden solle[50]. Die Bedingungen der wirtschaftlichen Vertretbarkeit eines solchen Verzichts sind bis heute noch nicht gegeben. Und für die vierte Generation stellt sich ein solcher Verzicht auch nicht mehr.

Trotz alledem ist aus heutiger Sicht eine neue Generation inhärent sicherer Kernkraftwerke in Deutschland kaum vorstellbar. Zu lange sind die Planungszeiten, stabiler politischer Konsens über mehrere Legislaturperioden des Deutschen Bundestages wäre nötig. Da der Ausbau der Kernenergie in Europa aber unabweisbar ist, wird es eher dazu kommen, dass Kernkraftwerke im grenznahen Ausland gebaut werden, um Deutschland mit entsprechenden Stichleitungen zu versorgen.

KAPITEL 6

Vom Windpark-Wahnsinn und anderen Sünden

6. Helfen uns die Erneuerbaren aus der Energiekrise?

Vor der Entfesselung der fossilen Energien im 18. Jahrhundert gab es nur das, was wir heute »Erneuerbare Energien« nennen. Holzfeuerung, Wasserkraft und Windmühlen bestimmten die zivilisatorische Entwicklung der Menschheit.[1] Und da die Agrargesellschaften auf Grund der Flächenabhängigkeit der Energieerzeugung in der Entwicklung begrenzt waren, verschlechterten sich im späten Mittelalter die Ernährungslage sowie die Energieversorgung.

Steinkohleförderung und die Dampfmaschine hoben die energetische Begrenzung auf und führten mit der späteren Entwicklung chemischer Dünger und vieler anderer Innovationen dazu, dass sich in der Folgezeit die Menschheit nach jahrtausendelanger Stagnation verzehnfachte (siehe Abbildung 26). Die exzessive Nutzung des »unterirdischen Waldes«[1] über 200 Jahre führt nun zu neuen Herausforderungen, die notwendige Begrenzung des CO_2-Ausstoßes sowie die Endlichkeit in einigen hundert Jahren. Einen Beitrag kann die Nutzung der Erneuerbaren Energien in hochtechnologischer Form liefern. Während Biomasse und Wasserkraft begrenzt bleiben, ruhen die Hoffnungen auf der Photovoltaik (PV), der Solarwärme und moderner Windkrafttechnologie. Und die Entwicklung in den letzten Jahren ist beeindruckend.

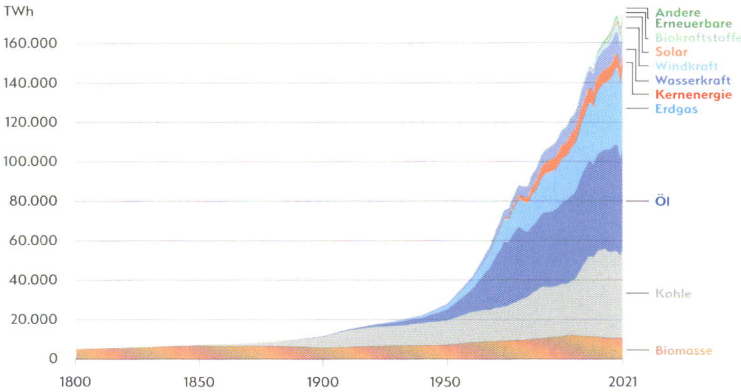

26 Die Entwicklung des weltweiten Energieverbrauchs seit 1800[2]
Von den 176 431 TWh Primärenergieerzeugung stammen 2702 TWh von der Solarenergie und 4872 TWh von der Windenergie.

27 Der Verlauf der Einspeisevergütung in Deutschland[3]
Die Produktionskosten für Solarenergie verringerten sich erst ab 2009, als China auf der Basis billigen Kohlestroms und günstiger Lohnkosten in die Massenproduktion einstieg.

Der Traum von der Grid Parity

Ich war selbst als Vorstand für Erneuerbare Energien bei Shell 1998 bei den allerersten Anfängen dabei. Als wir die damals weltgrößte Solarfabrik mit einem Jahresausstoß an Solarzellen von 50 MW Nennleistung bauten, waren die Kosten des Solarmoduls so hoch, dass es einer gesetzlich garantierten »kostenorientierten Einspeisevergütung« für Solarstrom von 99 Pfennig pro kWh bedurfte, um einzelne Bürger überzeugen zu können, sich Solarpaneele aufs Dach zu bauen.

Wir träumten davon, dass es in einigen Jahren gelingen könnte, den Solarstrom so billig zu machen, dass er den damaligen Strompreis von 20 Pfennig pro kWh (»Grid Parity«), erreichte, wenn man Steuern und Gebühren für Solarstrom entfallen lassen würde. Doch die Innovation und die Skaleneffekte (Kostenvorteile, die durch entsprechend sinkende Kosten pro hergestelltem Produkt entstehen) waren in Deutschland gering, das im ersten Jahrzehnt dieses Jahrhunderts weltweit wichtigster Markt und bedeutendstes Herstellerland war.

Die garantierte Einspeisevergütung der rot-grünen Koalition mit für 20 Jahre festgeschriebenen 50 €ct/kWh Solarenergie in Deutschland war zudem kontraproduktiv. Sie führte bei den Herstellern zu immer geringeren Anstrengungen, durch Innovation die Kosten zu senken. Als die Nachfrage zurückging, erhöhte die rot-grüne Koalition sogar die Einspeisevergütung auf 56 €ct/kWh (siehe Abbildung 27). Erst ab dem Jahre 2009 sank die Einspeisevergütung unter das Niveau von 2003.

In China entstanden in der Zeit von 2005 bis 2010 sieben große Solarfirmen, die die Produktion auf 8700 MW pro Jahr steigerten, die bis dahin führende deutsche Solarindustrie überflügelte und Solarmodule auf Grund geringerer Strom- und Lohnkosten mit bis zu 50 % reduzierten Preisen anbot. Alle relevanten deutschen Solarfirmen gingen in Folge Pleite.[4]

Kosten der Solarenergie

Heute kann man mit einem Kostenniveau von 6 bis 7 €ct/kWh für Freiflächen-Solarparks in Deutschland rechnen. In sonnenreicheren Gegenden dagegen wie etwa Saudi-Arabien oder Nordafrika ist auf Grund der zweieinhalbfach stärkeren Solareinstrahlung ein Strompreis von 2,5 bis 3 €ct/kWh erreichbar. Subventionen sind nicht mehr erforderlich. Der Solarstrom ist in Anbetracht der massiv angestiegenen Strompreise wettbewerbsfähig geworden.

Um einen angemessenen Vergleich zu Wettbewerbsenergien ziehen zu können, muss man allerdings die durch die Schwankungen der Einstrahlungen bedingte Unberechenbarkeit des Solarstroms ausgleichen. Eine breite, bedarfsgerechte Nutzung von Solarstrom muss daher die Kosten von Tag- und Nacht-Speichern sowie Jahresspeichern hinzuaddieren. Wie im Kapitel 7 gezeigt wird, vervierfacht sich der Preis bei einer Jahresspeicherung durch Wasserstoff. 10 €ct/kWh in sonnenreichen Gegenden ist nahezu wettbewerbsfähig, 24 €ct/kWh in Deutschland nicht.

Ein großer Kostenfaktor der Solarenergieerzeugung ist der Strompreis selbst, denn die Herstellung des Siliziums ist ein höchst stromintensiver Prozess, der in der letzten Zeit dazu geführt hat, dass die Kosten der Solarzellen wieder deutlich angestiegen sind (siehe Abbildung 28).

Zudem muss man bei einem steigenden Anteil des PV-Stroms im Netz beachten, dass er weder den für den Stromtransport notwendigen Blindstrom (Stromanteil, der keine Wirkleistung überträgt) leistet noch einen Beitrag zur Frequenzstabilität liefert. Noch heute heißt die Devise für die Übertragungsbetreiber bei Netzinstabilitäten: Solaranlagen und Windkraftwerke möglichst schnell vom Netz. Auch diese fehlenden Eigenschaften des Solarstroms kann man durch additive, kostenaufwendige Maßnahmen herbeiführen, was den Erzeugungspreis aber weiter ansteigen lässt.

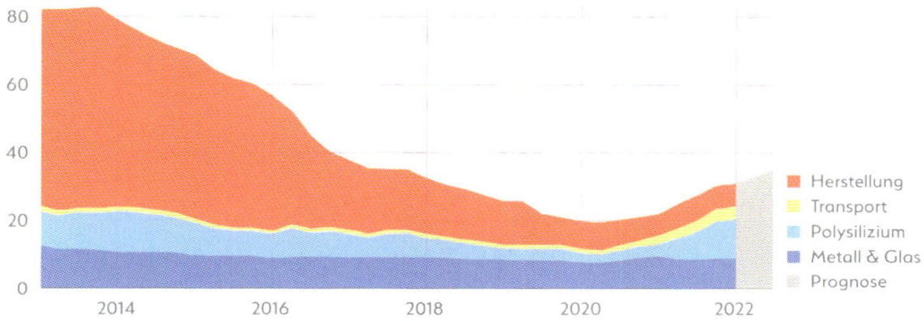

28 Solarmodul Preisentwicklung bis 2022
nach Preiskomponente in $Ct/Watt Nennleistung

Die Preise für Solarmodule steigen wieder an.
Der Grund hierfür sind seit 2021 steigende Strompreise.
Quelle: Tech for Future[5]

Der Anteil der Solarenergie insgesamt (also einschließlich der Solarwärme) macht weltweit 2021 etwa 1,6 % aus, der Anteil der Photovoltaik betrug mit etwa 1000 TWh lediglich 0,6 % des Gesamtverbrauchs an Energien.[6] Bis 2030 rechnet die Internationale Energieagentur mit einem starkem Wachstum auf dann 8000 TWh weltweit, dass wären dann immerhin 4,4 % des gesamten Energieverbrauchs.[7]

Im Verlaufe der weiteren Jahrzehnte wird die Solarenergie eine zunehmende Bedeutung in der zukünftigen Energieversorgung erlangen. Man darf nur nicht den folgenschweren Fehler machen, zu verbreiten, dass in ein bis zwei Jahrzehnten eine Vollversorgung mit Energie aus Solar- und Windenergie möglich sei. Bei einem Anteil von fluktuierenden (in der Leistung schwankenden) Erneuerbaren Energien von 30 bis 50 % eines Stromversorgungssystems halten sich die Regelungs- und Speicherkosten in vertretbaren Grenzen, darüber hinaus wird es sehr teuer und instabil.

Um die Netzstabilität zu erhalten, werden in Zeiten, in denen mehr Solarstrom oder Windstrom erzeugt als benötigt wird, Wind- und Solarkraftwerke vom Netzbetreiber abgestellt. Die Eigentümer der Anlagen erhalten eine Vergütung, als ob die Anlage Strom produziert hätte. In der Sprache der Bundesnetzagentur heißt das Einspeisemanagement, man könnte es auch Bezahlung von Geisterstrom nennen.

Die Kosten hierfür, die mit dem steigenden Zubau an Anlagen Jahr für Jahr steigen, betrugen 2021 800 Mio. Euro.[8] Hinzu kommen Kosten zur Netzstabilisierung für die Bereithaltung von Ersatzkraftwerken und das Herunterfahren oder Hinzuschalten von konventionellen Kraftwerken, wenn zu viel oder zu wenig erneuerbarer Strom das Netz in einem Versorgungsgebiet belastet. Hierfür stiegen die Kosten ebenfalls im letzten Jahrzehnt, 2021 waren es hierfür 1,4 Mrd. Euro.[8] 2022 werden es mehr als drei Milliarden Euro sein. Die jährlichen Eingriffskosten – Tendenz steigend – bezahlen die Stromkunden mit den Netzkosten, die im Strompreis enthalten sind.

In dieser Rechnung sind nicht die volkwirtschaftlichen Kosten enthalten, die dadurch entstehen, dass man faktisch zwei parallele Stromversorgungssysteme betreibt. Im Falle des Ausfalls der fluktuierenden Erneuerbaren ist ein Backup-Kraftwerkspark an Kohle-, Gas- und Kernkraftwerken notwendig, der die volle Höchstlast absichern muss, aber über das Jahr nur zu einem Bruchteil der Jahresleistung genutzt wird.

Die Photovoltaik hat darüber hinaus zwei oft übersehene strukturelle Nachteile. Die Anlagen sind energie- und materialintensiv. Man steckt eine Energieeinheit in die Herstellung und über die Lebensdauer erntet man die fünf- bis zehnfache Energiemenge.[9] Das ist eine schlechte Relation, die zu wenig Energieerzeugungseffizienz bietet, um eine Welt mit wachsendem Energiehunger zu befriedigen.

Man muss eben 20 Jahre warten, bis man die fünffache Menge an Energie wieder herausbekommt. Oder anders ausgedrückt: Erst nach zwei bis vier Jahren wird mehr Energie erzeugt, als hineingesteckt wurde. Bei Kohlekraftwerken liegt die Relation bei 1:30 und bei Kernkraftwerken bei 1 : 100. Selbst Windkraftwerke liegen mit 1:30 deutlich besser.[10] Nach vier bis sechs Mona-

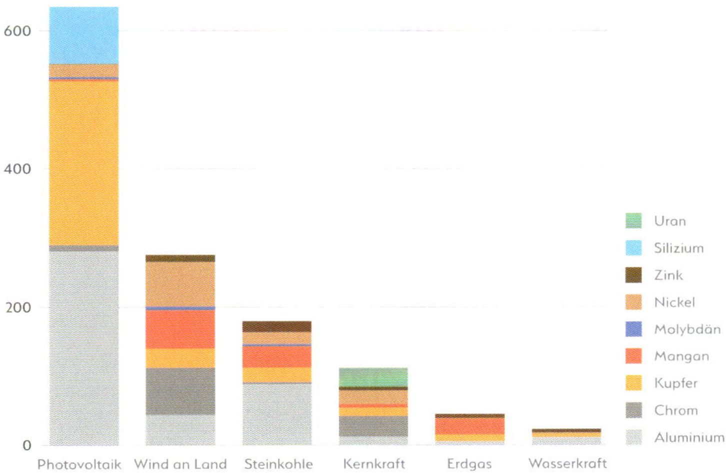

29 Metallbedarf von Energiequellen

in kg pro GWh_{el} über den Lebenszyklus in Europa

Der Bedarf an Metallen liegt bei Solarenergie und Windkraft deutlich über den Wettbewerbsenergien. Der erhebliche Bedarf an Batteriematerialien wie Lithium oder Kobalt zur Speicherung der fluktuierenden Quellen ist hier nicht berücksichtigt.

Quelle: Tech for Future[11]

ten ist das Windkraftwerk im Plus, beim Kernkraftwerk passiert das nach zwei bis drei Monaten.

Beim spezifischen Materialansatz sieht die Solarenergie ebenfalls nicht gut aus. Sie verschlingt pro produzierte kWh ein Vielfaches an Kupfer, Stahl und Seltenen Erden im Vergleich zu den konventionellen Energien (siehe Abbildung 29). Und fast 90 % des weltweiten Bedarfs an Silizium stammt aus China. Natürlich haben die konventionellen Energien ein ganz anderes Problem – ihre Betriebsmittel Kohle, Öl und Uran müssen insgesamt eingeführt werden. Doch man sollte die Abhängigkeiten von Metallen im Augen behalten, wie der Fall der Seltenen Erden zeigt.

Seltene Erden sind Elemente wie Neodym, Praseodym und Dysprosium, von denen man zwar im Chemiestudium beiläufig etwas erfährt und dann schnell vergisst. Aber sie sind unverzichtbar zur Herstellung von Permanentmagneten, die nicht nur in fast jedem Elektromotor, sondern auch in Windkraftanlagen Verwendung finden. Die Magneten, die in Generatoren und Elektromotoren verwendet werden, bestehen zu 30 % aus Neodym und den anderen Seltenen Erden.[12] Und 90 % des Neodyms stammen aus China. Diese Abhängigkeit besteht nicht nur bei Windkraftanlagen: Nur 5 % des Neodyms geht dahin, der Rest in andere Anwendungen wie Elektromotoren.[13]

Die Windkraft-Wachstumsstory

Auch bei der Windkraft ist eine beeindruckende Kostensenkung pro erzeugter Kilowattstunde in den letzten 20 Jahren erfolgt. Ich kann mich noch gut erinnern, wie ich im Jahre 2006, als meine Windkraftfirma REpower die ersten fünf MW-Prototypen für die Offshore-Anwendung entwickelt hatte, dem verdutzten Umweltminister Gabriel mitteilen musste, dass die Erzeugungskosten bei 18 €ct/kWh liegen würden. Seitdem sind die Stromerzeugungskosten für Windkraftanlagen kontinuierlich gesunken. Kosteneinsparungen bei den Fundamenten, dreimal so große Anlagen und eine Verdoppelung der Flügeldurchmesser haben dies ermöglicht.[15] Allerdings steigen seit 2021 die Kosten wieder deutlich an. Grund hierfür sind die rasant steigenden Material- und Kapitalkosten. Um die Ausbauziele nicht zu gefährden, ließ der Bundeswirtschaftsminister kurz vor Weihnachten 2022 die Einspeisevergütung für Onshore-Windkraftwerke von 5,88 auf 7,35 €ct/kWh anheben.[15a] Diese um 25 % höhere Einspeisevergütung wird für neue Anlagen auf 20 Jahre festgeschrieben. Die Windenergie wird damit seit über 20 Jahren erstmals wieder teurer.

Die neuesten Offshore-Windkraftanlagen kommen auf eine Leistung von 15 MW und einen Flügeldurchmesser von 222 Metern. Mit der Rotorfläche von vier Hektar können bei einer durchschnittlichen Volllaststundenzahl von 4000 Stunden 60 Mio.

Kilowattstunden produziert werden.[15] Das ist deswegen eher ein wichtiger Beitrag zur Stromversorgung als Solar- und Onshore-Windstrom, da die Speicherkosten etwa in Wasserstoff geringer sein werden als bei PV-Anlagen oder Onshore-Windkraftanlagen mit 1000 bzw. 2500 Volllaststunden.

Tatsächlich ist die Wachstumsstory ungebrochen. 2020 wurden weltweit 113 000 MW neuer Windkraftkapazität aufgebaut. 2021 ging die Installation leicht zurück auf 95 000 MW, weil China die Subventionierung von Windenergie 2021 eingestellt hatte und die Nachfrage kurzfristig zusammensackte.[11] Doch mittlerweile sind die Erzeugungskosten im Vergleich zu den gestiegenen Stromkosten konventioneller Anlagen so gesunken, dass eine Investition in Windenergie in windreichen Gegenden der Welt ohne Subvention auskommt. Bis 2030 wird weltweit ein weiterer Zubau von 1 500 000 MW Kapazität an Windenergie hinzukommen, die Hälfte in China.[16] Deutschland wird nach den Plänen der Bundesregierung mit 110 000 MW onshore und 30 000 MW offshore dabei sein und nach China und den USA den drittgrößten Zuwachs an Windenergie verzeichnen.[16]

Trotz dieses gewaltigen Wachstums wird der Anteil der Windenergie an Primärenergiebedarf von 2,6 % im Jahr 2019 auf nur etwa 5 % im Jahr 2030 anwachsen, weil die konventionellen Energieträger mitwachsen.[17] Die Anlagen für dieses Wachstum werden vorrangig aus China kommen. Von den zehn größten Windanlagenherstellern kommen sieben aus China, der größte ist gleichauf mit General Electric, die Firma Goldwind aus Xinjiang.

Ich erinnere mich noch sehr gut, wie ich 2002 dem damaligen Geschäftsführer einer kleinen Klitsche, Herrn Wu Gang, die Lizenz zum Nachbau einer 0,75 MW-Anlage, die wir als REpower Systems AG entwickelt hatten, verkauft habe.[18] Er kopierte unzulässigerweise das Getriebe und tröstete mich mit dem Hinweis, dass es das beste auf der Welt sei und ich doch stolz sein könne, dass Goldwind es nachbaut. Wu Gang ist immer noch General Manager von Goldwind. Auf der Web-Seite von Goldwind ist die 750 KW-Lizenzanlage noch zu sehen.[19] Heutiger Umsatz

Gesicherte Leistung konventioneller Kraftwerke		Gesicherte Leistung erneuerbarer Energien	
Typ	%	Typ	%
Kernkraftwerke	93	Laufwasserkraftwerke	25
Braunkohlekraftwerke	92	Biomassekraftwerke	65
Steinkohlekraftwerke	86	Windenergieanlagen off-shore	2
Erdgaskraftwerke (GuD)	86	Windenergieanlagen on-shore	1
Erdölkraftwerke	86	Photovoltaik-Anlagen	0
Schnell startende Gasturbinen	42		

30 Leistungsvergleich von konventionellen Kraftwerken versus erneuerbare Energien
Die gesicherte Leistung konventioneller Kraftwerke beträgt mehr als 85 %, die gesicherte Leistung von Windkraft- und Solaranlagen liegt nahe Null.[21,22]

6,3 Mrd. Euro, Gewinn 1,3 Mrd. Euro.[20] Goldwind beliefert mittlerweile auch die europäischen Märkte.

Nur im Verbund mit anderen regelbaren Stromerzeugungen machen Windkraftanlagen energetisch Sinn. Aber man darf nicht vergessen, dass auch Offshore-Windkraftanlagen keinen Beitrag zur Systemstabilität des Stromsystems leisten. Wind und Sonne liefern eben keine gesicherte Leistung (siehe Abbildung 30).

Umgang mit Ungleichgewichten

Es wird immer wieder – insbesondere in energiepolitischen Debatten – vergessen, dass der sichere Betrieb des elektrischen Versorgungssystems für jede Sekunde erfordert, dass die Erzeugungsleistung der Kraftwerke im Gleichgewicht mit dem Stromverbrauch steht. Das Netz ist kein Speicher. Jede vom Stromverbraucher gemachte Einschaltung oder Abschaltung an elektrischer Energie wird mit Lichtgeschwindigkeit durch automatisches Hoch- oder Herunterfahren der Generatoren der Kraftwerke ausgeführt.

Unser Stromversorgungsnetz wird mit einer Frequenz von 50 Hertz (Hz) betrieben. Alle elektrischen Geräte wie Elektromotoren oder Computer sind auf diese Frequenz eingestellt. Ändert sich die Frequenz, funktionieren die Geräte nicht mehr korrekt.[23] Sie wird erzeugt von den rotierenden Massen der Generatoren der Kraftwerke, die sich 3000 Mal in der Minute, also 50 Mal in der Sekunde drehen. Ändert sich die Frequenz im Netz, etwa durch Ausfälle einer Stromleitung oder eines Kraftwerks, so geraten die Kraftwerke außer Tritt. Falls die Frequenz unter 47,5 Hz sinkt, können an den Generatoren mechanische Resonanzschwingungen auftreten, die zu ihrer Zerstörung führen.[24] Die Kraftwerke gehen deshalb bei Erreichen dieser Grenze automatisch vom Netz. Die Folge kennen wir als Blackout. Aber auch eine zu hohe Frequenz führt zu Schäden, so dass die Netzbetreiber die Frequenz im Bereich von + – 0,05 Hz halten.

Es ist jedem Leser zu raten, sich einmal den Frequenzverlauf unserer Stromversorgung unter »https://www.netzfrequenz.info/verlauf-3-minuten« einige Zeit zu betrachten. Es ist wie ein Wunder. Man weiß, dass in diesem Moment in Deutschland alles Mögliche an Zu- und Abschaltungen passiert. Hier fährt ein ICE aus dem Bahnhof und zieht Strom, dort wird ein Elektrolichtbogen eines Stahlwerks abgeschaltet, in einer Stadt geht die abendliche Straßenbeleuchtung an, Hunderttausende von Menschen schalten den Fernseher ab nach der Tagesschau, irgendwo fällt ein Kraftwerk aus, oder es geht ein Sturm über Deutschland und in Minuten schalten sich Tausende von Windkraftanlagen aus Sicherheitsgründen ab, weil sie ihre Flügel auf Durchzug stellen. Betrachten Sie eine Weile die Linie der Netzfrequenz, die stoisch zwischen 50,05 und 49,95 Hz schwankt.

Grund für diese Stabilität ist die Primärregelung unserer konventionellen Kraftwerke. Wenn ein Ungleichgewicht zwischen Leistung und Verbrauch entsteht – etwa wenn das Stahlwerk hochgefahren wird –, so wird die fehlende Energie aus der Schwungmasse aller rotierenden Kraftwerksgeneratoren entnommen. Das passiert automatisch innerhalb von Sekunden.

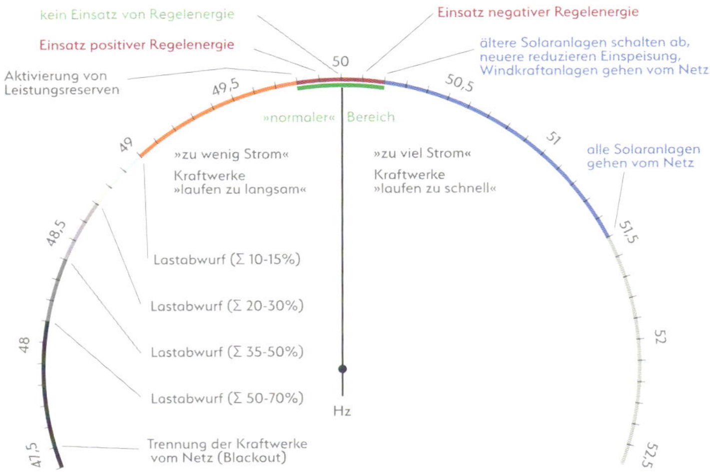

31 Regelung der Frequenz von 50 Hz[25]

Die konventionellen Kohle-, Gas- und Kernkraftwerke regeln automatisch, dass die Frequenz zwischen 49,8 und 50,2 stabil bleibt.

Die sinkende Frequenz wird durch erhöhte Kraftwerksleistung wieder stabilisiert. Bei länger anhaltender Unterversorgung wird die Sekundärreserve – etwa Pumpspeicherwerke – aktiviert. Dies umfasst eine Regelung von bis zu 15 Minuten. Bei größeren und längerfristigen Ungleichgewichten (Tertiärregelung) werden im Reservebetrieb befindliche Kraftwerke, üblicherweise Gas- und Steinkohlekraftwerke, durch aktives Eingreifen des Netzbetreibers hochgefahren (siehe Abbildung 31).

Solche Regelungen sind bei Wind- und Solarkraftwerken nicht möglich, wenn sie mit dem maximalen Wind und mit Sonneneinstrahlung arbeiten. Mehr Wind und Sonne stehen nicht auf Kommando in Sekunden zur Verfügung. Hinzu kommt, dass Solaranlagen keine rotierende Masse haben und so für eine Primärregelung ausfallen. Bei einer Windkraftanlage ist ein Beitrag zur negativen Primärregelung möglich, ein Hochfahren für eine positive Primärregelung ist nicht möglich, es sei denn, sie würde permanent auf etwa 90 % ihrer Leistung gedrosselt – etwa durch Verstellung der Rotoren – und bei Bedarf hochgefahren.

Doch was macht man bei einer solchen Anlage in der Flaute? Jürgen Pannicke, Fachmann für elektrische Energieversorgung, schreibt dazu das ernüchternde Fazit: »Ein Energieversorgungsnetz, das hauptsächlich aus Wind- und Solarkraftwerken besteht, ist nicht in der Lage, einen stabilen Netzbetrieb zu gewährleisten«.[26] Zehn Prozent der erzeugten Leistung müssen mit den Generatoren konventioneller Kraftwerke erzeugt werden, um die Regelungsleistung jederzeit zu erbringen. Es müssen auf jeden Fall kostenintensive netzstabilisierende Anlagen hinzutreten, wie rotierende Phasenschieber an den ehemaligen Großkraftwerksstandorten[27] oder Batterien, die über Frequenzumrichter mit dem Netz gekoppelt sind und so die notwendige Regelenergie bereitstellen. In Deutschland wurde der erste Batteriespeicher 2014 in Betrieb genommen, um die fluktuierende Erzeugung von Windparks zu glätten.[28] Ähnliche Anlagen entstanden in Brandenburg[29], Chemnitz[30] oder in Heilbronn.[31]

Windpark-Wahnsinn

Die Planungen der Bundesregierung sehen für 2030 115 000 MW Windkraftkapazität an Land vor, für das Jahr 2035 157 000 und für 2040 160 000 MW.[32] Damit würde man 2040 etwa 400 TWh Strom erzeugen können. Heute erzeugen 56 000 MW Windkapazität an Land (28 380 Anlagen) 100 TWh Strom.[33]
Auch für Offshore-Wind und die Photovoltaik gibt es gewaltige Ziele. Die Offshore-Windkraft soll von heute rund 7000 MW auf 70 000 MW[34] 2045 verzehnfacht werden und bei der Photovoltaik will man bis 2030 den Bestand auf 215 000 MW verdreifachen. Bis 2035 will man auf diese Weise den Strom zu 100 % aus Erneuerbaren Energien erzeugen lassen.

Lassen wir einmal dahingestellt sein, dass die Bundesregierung die fehlenden Speichermöglichkeiten (mit den entspre-

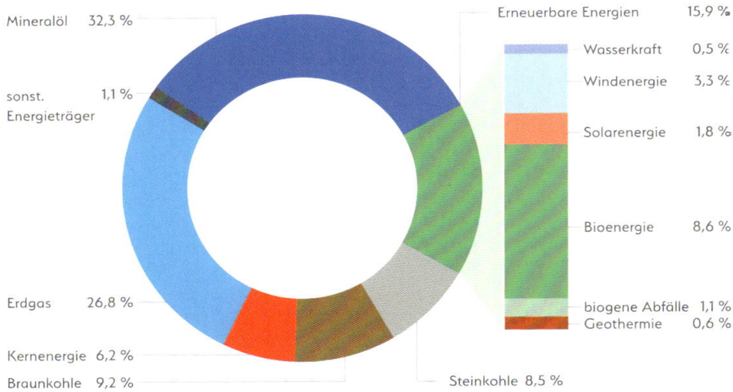

32 Primärenergieverbrauch in Deutschland 2021
Der Primärenergieverbrauch in Deutschland wird zu 84 % aus Öl, Gas und konventionellen Kraftwerken gespeist. Erneuerbare haben einen Anteil von 16 %. Davon stammt nur ein Drittel (5,1 %) aus Wind- und Sonnenenergie.[35]
Quelle: Energiedaten des BMWK, Arbeitsgemeinschaft Energiebilanzen, eigene Darstellung

chenden hohen Verlusten, siehe Kapitel 7) unberücksichtigt lässt, zeigt Abbildung 32, wie hoffnungslos weit weg von der Realität dieser Weg ist. Sonne und Wind hatten 2021 einen gemeinsamen Anteil von 5,1 % am Gesamtprimärenergieverbrauch Deutschlands[35]. Selbst wenn es gelänge, die schwarzen, dunkel- und hellroten Flächen im Diagramm bis 2035 zu ersetzen, hätte man erst 2045 gerade ein Drittel des Ziels von 100 % Erneuerbaren erreicht.

Man darf auch nicht vergessen, dass der spezifische Ertrag einer Vielzahl zusätzlicher Windkraft-Anlagen durch den Effekt gegenseitiger Verschattung sinkt, insbesondere bei Gruppenaufstellung und der Errichtung in windarmen Gegenden (Süddeutschland). Die regierungsamtliche Sicht, der Ertrag steige einfach proportional zur Anlagenzahl, wird nicht aufgehen, er steigt degressiv.

Und selbst wenn man es schaffen würde, 30 % der Primärenergie zu ersetzen, wäre dieser Teilschritt mit einem unvor-

33 Windenergie um das Dorf Struth in Thüringen
Das Bild ist real und keine Fotomontage.[36]
Fotograf: Marcus Scheidel, FotoErfurt.de

stellbaren Zuwachs an Kosten, einer dramatischen Einbuße an Wettbewerbsfähigkeit und Wohlstand und einem nicht wiedergutzumachenden Eingriff in die deutsche Landschaft und deren Naturhaushalt verbunden. Es wird das abschreckende Beispiel eines Staatsversagens werden.

Deutschland wird flächendeckend aussehen wie die Landschaft um das Dorf Struth zwischen Mühlhausen in Thüringen und Wanfried in Hessen. Das Foto ist keine Fotomontage. Es ist die heutige Realität eines Dorfes, das den Wahnsinn des zukünftigen Windparks Deutschlands beschreibt (siehe Abbildung 33).[36]

Lassen Sie uns die Verteilung der Anlagen in der Zukunft anschauen. Heute haben wir 28 380 Anlagen, die 56 130 MW darstellen.[33] Nehmen wir an, die nach den Plänen der Bundesregierung bis 2040 noch zu errichtenden 100 000 MW werden mit 4-MV- oder 5-MW-Anlagen gebaut. Dann kommen 20 000 bis 25 000 Anlagen hinzu. Dann sind 50 000 Anlagen auf der Fläche Deutschlands von 357 000 km^2 unterzubringen. Die Bundes-

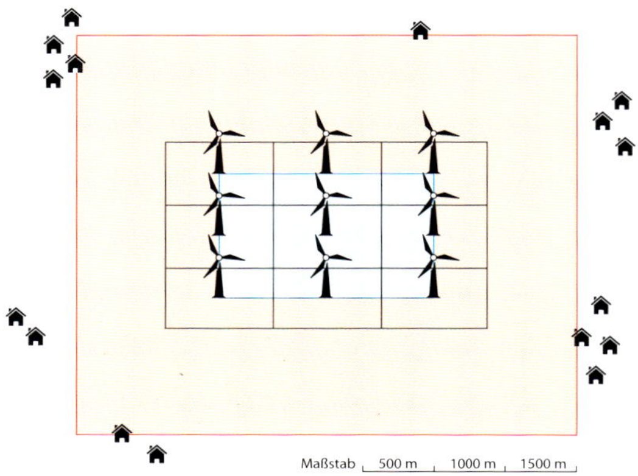

34 Flächenbedarf eines Windparks
blau = Flächenberechnung der Bundesregierung (Bebauungsplan)[37], rot (und blau) = tatsächlich benötigte Fläche
Der Abstand zwischen den Anlagen wird in Hauptwindrichtung mit einem Abstand von fünfmal des Flügeldurchmessers (bei 4- bis 5-MW-Anlagen 750m) gerechnet, in Nebenwindrichtung des dreifachen Werts (450m).[38] Der Abstand zu Wohnhäusern ist in diesem Beispiel 1000 m.

regierung versucht uns einzureden, es gehe nur um 2 % der Landesfläche. Das hört sich nicht nach sehr viel an. Im »Gesetz zur Erhöhung und Beschleunigung des Ausbaus von Windenergieanlagen an Land«[32] findet man den Trick. Es werden lediglich die Flächen der Bebauungspläne, die in der Regel die Flächen um die Fundamente der Windkraftanlagen legen, ergänzt um eine Flügellänge von 50 bis 60 Metern. Der Einwirkungsbereich einer Anlage ist aber um Faktoren größer, da um einen Windpark ein Abstand von mindestens 1000 Meter gelegt werden muss, um die Lärmeinwirkungen auf Siedlungen auf das rechtlich notwendige Maß zurückzuführen. Der Unterschied ist gewaltig (siehe Abbildung 34).

Die Fläche um die Füße der Anlagen beträgt im Rechenbeispiel 900 m x 1500 m = 1,35 km^2. Die tatsächliche Einflussfläche einschließlich des notwendigen Abstandsbereichs beträgt 2900 x 3500 m = 10,15 km^2, also fast 7,5-mal so viel. Je kleiner der Windpark, umso größer ist der Unterschied. Daher ist man auf der sicheren Seite, wenn man die von der Bundesregierung angestrebten 2 % mit dem Faktor 7,5 multipliziert.[39]

Was bedeuten denn 15 %? Zieht man von der Fläche Deutschlands die bebaute Fläche, die Fläche der Naturschutzgebiete und der Gewässer und der Straßen ab (zusammen rund 25 %)[40], bleiben 75 % Wald und landwirtschaftliche Fläche übrig. Aus den 15 % werden nunmehr 20 % der in Deutschland zur Verfügung stehenden freien Fläche mit Anlagen im Abstand von 750 bzw. 450 Metern. In der freien Landschaft wird es kaum mehr einen freien Horizont geben.

Naturzerstörung durch Windkraft

Aber es geht nicht nur um Landschaftszerstörung. Trotz Tötungsverbots für den Roten Milan, Mäusebussard und andere Greifvögel fallen jährlich 12 000 Greifvögel den Windkraftanlagen zum Opfer[41], so dass es zu Bestandsgefährdungen beim Roten Milan und selbst beim Mäusebussard kommt. Und wir sollten nicht vergessen, der Rote Milan ist der eigentliche Wappenvogel Deutschlands, denn Deutschland ist verantwortlich für fast die Hälfte seines weltweiten Bestandes.

Wegen des zunehmenden Protestes gegen Windkraftanlagen in der Nähe von Wohnsiedlungen und Dörfern weichen die Länder und Planer auf die staatlichen und privaten Wälder aus. So werden die letzten natürlichen Waldhabitate vom Hunsrück, Vogelsberg bis zum Reinhardswald[42], dem Märchenwald der Brüder Grimm, zerstört, in denen dann auch noch zu allem Überfluss massenweise Fledermäuse zugrunde gehen. Man rechnet mit zehn Opfern pro Windkraftanlage pro Jahr.

Aufgrund ihrer Ultraschallortung können sie das Rotorfeld einer Windkraftanlage durchqueren. Dennoch fallen sie tot vom Himmel. Ursache ist ein Barotrauma: Ihre Lunge platzt durch den Druckabfall hinter den Rotoren. Dies widerfährt etwa zirka

250 000 Fledermäusen pro Jahr[43]. Die Dunkelziffer ist vermutlich wesentlich höher, weil die Tiere meist noch ein wenig weiter flattern und dann irgendwo im Wald verenden, wo ihre kleinen Kadaver bald aufgefressen werden. Seltsam: Bei Bauvorhaben wie Autobahnen, Flughäfen, Gewerbeparks oder Brücken löst das Vorhandensein einer Fledermauskolonie jahrelangen Streit aus oder verhindert sogar das ganze Projekt. Der Massentod dieser Tiere durch die Windindustrie rief bisher noch keine vergleichbare Empörung hervor.

Die Deutsche Ornithologen-Gesellschaft stellte bereits 2013 fest, dass »in der Folge des unüberlegten und übereilten Ausbaus erneuerbarer Energien aus landwirtschaftlicher Biomasse und Windkraft die Bestände von fast 50 % aller Vogelarten deutlich abgenommen« hätten.[44]

Paradoxerweise sind die Grünen die treibende Kraft hinter dieser Entwicklung. Die von ihnen ausgelöste Naturzerstörung durch flächenfressende Wind- und Biogas-Industrie ist »genau das Gegenteil von dem, was die Umweltbewegung einst forderte«[45], sagt der Ökologe Patrick Moore, der 1971 mit seinen Freunden Greenpeace gründete.

Schon heute machen 200 Mio. m^2 Rotorfläche auch den Insekten zu schaffen. Eine Analyse des Deutschen Zentrums für Luft- und Raumfahrt DLR[46] sendete Alarmsignale: Danach können 1200 Mrd. Insekten durch den Direktaufprall auf die Rotorflügel vernichtet werden. Die durch Unterdruck getöteten durchfliegenden Insekten wurden nicht betrachtet. Aber allein der direkte Aufprall entspricht nach der Abschätzung eines der Autoren der Größe der durch 40 Mio. PKW vernichteten Insekten.[47]

Bedrohlich wird diese Erkenntnis dadurch, dass flugfähige weibliche Insekten kurz vor ihrer Eiablage hohe schnelle Luftströmungen aufsuchen, um sich vom Wind zu entfernten Brutplätzen zu tragen. Dort treffen die Weibchen mit Hunderten von Eiern auf eine Rotorwand, die umgerechnet von Aachen bis Frankfurt an der Oder reicht und 200 Meter hoch ist. Wie in einer riesigen Waschmaschine wird jährlich ein Luftdurchsatz von zehn Mio. Kubikmeter, das ist mehr als das Zehnfache des deutschen Luftraums (bis 2000 Meter Höhe), durch die Rotoren gesogen.

Der Rückgang der Fluginsekten beträgt in den letzten 30 Jahren etwa 75 %.[46] Das hat vielerlei Ursachen. Aber die Ursache Windenergie will man seitens der Politik nicht wahrhaben.

Werden die negativen Wirkungen auf die Fauna immer deutlicher, so wird der Effekt einer mit der Ausbreitung der Windenergie verbundenen lokalen Erwärmung bislang noch nicht breit diskutiert. Windparks führen zu erheblicher Erwärmung in ihrem Einwirkungsgebiete. Zwei Harvard-Wissenschaftler, Lee Miller und David Keith, kamen in einer großangelegten Studie über amerikanische Windparks zum Ergebnis, dass Windfarmen die lokalen Temperaturen um 0,54 Grad Celsius erhöhen.[48]

Normalerweise kühlt die Luft oberhalb der Erdoberfläche in der Nacht ab. Aber die rotierenden Flügel der Windkraftanlagen gleichen das starke Temperaturgefälle in der Nacht aus und schaufeln Wärme zurück auf den Erdboden. Am Tage tritt kaum ein Effekt ein, da das Temperaturgefälle an der Erdoberfläche dann gleichmäßiger ist. Es gibt also keine Nettoerwärmung; die Wärme wird nur umverteilt, aber dies führt zu einer erheblichen Erwärmung im Einwirkungsbereich der Windparks. Mittlerweile bestätigen eine Reihe von Studien diesen Effekt, der zudem zu einer spürbaren Austrocknung der Böden in den Windfeldern führt.[48] Die Forscher führen aus, dass selbst, wenn die gesamte amerikanische Stromerzeugung durch Windenergie erzeugt würde, alle »Windfarmen mehr als hundert Jahre laufen müssten, bevor der Erwärmungseffekt über den US-Kontinent, hervorgerufen durch Turbine-Atmosphäre-Wechselwirkungen, kleiner wäre als die reduzierte Erwärmung auf Grund der Verringerung der CO_2-Emissionen«.[48] Deutschland plant mit einer Verdreifachung der Windenergieerzeugung. Aber welche Effekte der Austrocknung der Böden mit dem Ausbau der Windenergie bewirkt werden, ist weder in Politik noch Forschung ein Thema.

Das gilt auch für die meteorologischen Folgen der Energieentnahme des Windes. Ein Windkraftwerk entnimmt immerhin die Hälfte der Energie des Windes und verwandelt diese in Strom. Wissenschaftler des Max-Planck-Instituts für Geochemie in Jena[49] haben berechnet, dass der geplante Ausbau der Windenergie die zu erwartende Windleistung der Anlagen um 8 bis 10 % reduzieren wird. Die Offshore-Planung, die den relativ kleinen Raum der deutschen Nordsee, der von Schifffahrtswegen, Sandabbau, Naturschutzgebieten und militärischen Übungsgebieten übrig geblieben ist, bis zum letzten Quadratkilometer mit 10 000 großen Anlagen vollstopft, führt zu einem erheblichen Ertragsverlust. Sage und schreibe 40 % weniger Ertrag kommen bei der Planung der Bundesregierung am Ende heraus.

Die Windparks werden zum Opfer einer atmosphärischen Windberuhigung, die sie selbst erzeugt haben.[50] An Land ist die alte Windstärke erst nach vier bis fünf Kilometern wieder hergestellt, offshore kann sich das bis zu 70 Kilometer weit auswirken.[51] Es stellt sich durchaus die Frage, ob die mit einem großflächigen Ausbau der Windenergie verbundene Energieentnahme meteorologische Folgen hat. Verändern sich die Regenereignisse durch Verringerung der regionalen Windgeschwindigkeiten? Systematisch ist das noch nicht untersucht worden. Warum nicht?

KAPITEL 7

Die Erneuerbaren sind kein Garant für die Versorgung.

7.
Sonne, Wind – und Wasserstoff

Wie schön wäre es, wenn die Stromversorgung in Deutschland allein durch Wind und Sonne bewerkstelligt werden könnte ...

Sehen wir einmal davon ab, dass durch den Ausbau der Windenergie, wie gerade dargestellt, schon heute im Jahr 12 000 Greifvögel und 240 000 Fledermäuse und ein beträchtlicher Teil der wandernden Insekten getötet werden und die Wirkung des Infraschalls auf die Nachbarn von Windenergieanlagen zu allergrößter Vorsicht mahnt.[1]

Die entscheidende Achillesferse der Erneuerbaren Energien ist ihre Unzuverlässigkeit. Sie erzeugen keine gesicherte Leistung.

Im Zeichen der Flaute

Schon heute – und erst recht bei einem verdoppelten Ausbau der Windkraft an Land[2], dem vervierfachten Ausbau der Windkraft auf See[3] und der Photovoltaik[4], wie es die Bundesregierung bis 2030 plant – bekommen wir einen extremen Überschuss in wind- und sonnenstarken Zeiten, der zurzeit nicht gespeichert werden kann. Er wird entweder gegen Erstattung des Börsenpreises abgeregelt (in 2021 800 Mio. Euro[5]) oder ins Ausland verklappt.

Im Zeichen der Flaute, die gerne auch mal bis zu 14 Tage anhält, wenn in Deutschland kein Wind weht, dreht sich kein einziges Windrad. Fällt diese Zeit in den Winter, etwa bei einer kalten Hochdruckwetterlage im Januar, wenn die Solarenergie nahe null Strom produziert, nennt man diese Lage Dunkelflaute.

In einer kürzlich erschienen Studie von Oliver Ruhnau und Staffan Qvist[6], die die Dunkelflauten der letzten 35 Jahre untersuchte, kommen die Autoren zum Ergebnis, dass es auch zu berücksichtigen gilt, dass eine zweite Flaute der ersten folgen kann, ohne dass die Speicher – seien es Pumpspeicher, Batterien oder Wasserstoffspeicher – schon wieder aufgefüllt seien. In diesem Fall kommen die Autoren zu einer Windstrom-Unterproduktion von neun Wochen Dauer und einem Bedarf von 27 TWh an elektrischer Energie. Die entsprechende Speichergröße liegt bei 56 TWh, im Wesentlichen realisiert durch einen Wasserstoffspeicher.

Und es ist ein Ammenmärchen, wenn behauptet wird, es gäbe in Europa immer irgendwo Windenergie, die dann bei Windstille nach Deutschland importiert werden könnte. Es ist mittlerweile nachgewiesen, dass es eine hohe Korrelation der Windstärke in allen nord- und mitteleuropäischen Ländern gibt.[7] Wenn in Deutschland Flaute herrscht, dann ist sie auch in Holland, Dänemark und Polen.

Ein Wind-Solarsystem mit 100 % Erdgasbackup kann funktionieren. Es war ja das Geheimrezept des Funktionierens der deutschen Energiewende der letzten zehn Jahre. Die Deutsche Energiepolitik hat sich fast ausschließlich mit dieser Kombination befasst und darauf verlassen. Immer mehr (russisches) Gas musste einspringen, wenn Wind und Sonne ihren Dienst versagten. Am Ende bezahlt der Stromkunde die deutlich erhöhte Rechnung für zwei parallele Stromversorgungssysteme.

Das war der Grund dafür, dass Deutschland schon in den letzten Jahren die höchsten Strompreise der Welt hatte. Und auch wenn es die Grünen heute nicht gerne hören wollen: Die Kombination von russischem Gas und Erneuerbaren Energien war ein grünes Projekt. Schon im Jahre 2000 warb der grüne Bundesumweltminister Jürgen Trittin für die Kombination von Erdgas und Erneuerbaren Energien: »Die Partnerschaft des Erdgases kann der weiteren Marktpenetration erneuerbarer Energien entscheidende Impulse geben.«[8]

Und noch im Jahre 2018 verharmloste der gleiche Jürgen Trittin eine mögliche Abhängigkeit von russischen Gas: »Das Grundargument, man würde sich von den Russen abhängig machen, ist falsch ... Das gesamte wirtschaftliche und politische System Russlands beruht auf dem Export fossiler Rohstoffe. Je nach Schätzung werden bis zu zwei Drittel des Staatshaushalts so finanziert. Die Idee, der Russe würde aus Jux und Dollerei eben mal den Gashahn zudrehen, ist deshalb absurd: Der Kreml würde sich vorsätzlich selbst schädigen. Das hat nicht einmal die Sowjetunion im Kalten Krieg getan.«[9]

Speichermöglichkeiten

Die von Ruhnau und Qvist berechneten 56 TWh Speicherkapazität sind für ein erdgasbasiertes Backup-System keine große Herausforderung. Dafür braucht man etwa 10 % des heutigen Erdgasverbrauchs. Aber was ist der Plan, wenn man, wie in Deutschland vorgesehen, auch noch auf Kohle und Erdgas verzichtet? Eigentlich müsste man davon ausgehen, dass so etwas im kleineren Maßstab exemplarisch durchexerziert wurde. Das einzig bekannte Großprojekt, in dem bislang versucht worden ist, eine Insel ausschließlich mit Wind- und Solarenergie zu versorgen, ist bis heute die Insel Hierro, die kleinste der Kanarischen Inseln, auf der etwa 10 000 Menschen wohnen. Bis 2012 wurde Hierro ausschließlich durch Strom aus Dieselgeneratoren versorgt. So plante man mit Hilfe eines Pumpspeicherwerks die volatile Wind- und Solarstromerzeugung bedarfsgerecht zu speichern.

André Thess hat in seinem lesenswerten Buch »Sieben Energiewendemärchen«[10] das Scheitern des Modellprojektes El Hierro beschrieben. Die Aktivisten der Energiewende hatten ein anderes Bild gemalt. Die *taz* schrieb 2014: »Am 27. Juni ist auf El Hierro vor der Küste Afrikas das Pumpspeicherwerk Gorona del Viento in Betrieb gegangen ... und macht die Insel zur Energie-Selbstversorgerin.«[10]

Thess zog ein vernichtendes Fazit: »Die Dieselgeneratoren sind nicht überflüssig geworden, sondern nach wie vor alle im Betrieb. Die Insel versorgt sich nicht zu 100 % mit erneuerbarem Strom, sondern zur Hälfte ... Die Ökostromkosten liegen nach meiner Schätzung über den Kosten des Dieselstroms ... das Projekt erzeugt Mehrkosten, die vom europäischen Steuerzahler und den spanischen Stromkunden bezahlt werden.«[10]

Man glaubt es kaum, aber es gibt bis heute weltweit kein funktionierendes Stromsystem auf 100 % Wind- und Solarbasis, und gleichwohl strebt die Bundesregierung genau dieses in wenigen Jahren an.

Für Deutschland gibt die Energieberatung Wood Mackenzie an, dass die geplante Energiespeicherkapazität für 2031 nach dem 20-fachen Ausbau 8,81 GWh beträgt.[11] Diese circa 9 GWh stehen im Vergleich zum täglichen Stromverbrauch von 1600 GWh. Der tägliche Energiebedarf von Deutschland liegt um den Faktor 180 über den von der Politik geplanten Kapazitäten.

Nehmen wir noch einmal die Berechnungen von Ruhnau/Quist zum Vergleich, die 27 000 GWh Speicherbedarf errechneten. Danach beträgt die Menge an Energiespeichern, die Deutschland für 2031 plant, 0,033 % dessen, was es tatsächlich bräuchte, um mit einem Wind- und Solarstromsystem die heutige Stromversorgung sicherzustellen. Dies ist kein ernsthaftes Bemühen um ein System, das funktionieren könnte.

Man glaubt, man habe es mit einem Dezimalstellenfehler zu tun. Bei einem Bedarf von 27 000 GWh plant die Regierung nicht 2700 oder 270 oder 27 GWh, sondern 9 GWh Speicher.[12] Wie soll man eine solche Politik nennen? Walter Russel Mead hat im *Wallstreet Journal* im Juni 2022 die Antwort gegeben: »Das deutsche Wirtschaftsmodell basierte auf unrealistischen Annahmen ... und wird die derzeitigen Turbulenzen wahrscheinlich nicht überleben. Die deutsche Energiepolitik ist ein chaotisches

Durcheinander, ein leuchtendes Beispiel für den Rest der Welt, was man nicht tun sollte.«[13]

Die EU veröffentlichte im März 2022 ihren Plan REPowerEU[14], um die Abhängigkeit von russischem Gas zu verringern und daher den erneuerbaren Stromanteil von heute 30 auf 60 % bis 2030 zu verdoppeln. Heute machen Wind und Sonnenenergie etwa die Hälfte des erneuerbaren Stroms aus. Da Wasserkraft, Biomasse und Geothermie nicht mehr wesentlich ausbaubar sind, wird der Zuwachs im Wesentlichen durch Wind- und Sonnenenergie erfolgen müssen. Dafür sollen 600 Mrd. Euro in den nächsten sieben Haushalten der EU ausgegeben werden.

Der Ausbau der Wind- und Solarenergie führt allerdings zu einer erheblichen zusätzlichen Fluktuation im europäischen Stromnetz. Und die Speichermöglichkeiten werden nicht Schritt halten. Sie werden gemäß der Planungen laut einer Studie des Energieberatungsunternehmens Wood Mackenzie auch in Europa bis 2030 um das 20-fache wachsen. Das hört sich beeindruckend an; es sind aber nicht mehr als etwa 80 GWh Zubau, allein 26 GWh davon in Grossbritannien.[11] Diese völlig unzureichende Speicherkapazität wird nur deswegen nicht zu Zusammenbrüchen führen, da in den meisten Ländern ein Backup von Gas-, Kohle- und Kernkraftwerken vorhanden ist.

Auch wenn es immer wieder vor allem grüne Politiker gibt, die erzählen, dass man Strom im Netz speichern könne: Strom als solcher kann nicht gespeichert werden (sieht man von unbedeutender Speicherung in Kondensatoren ab). Er kann lediglich in andere mechanische, chemische oder thermische Energieformen umgewandelt und in dieser Form gespeichert werden.

Es bieten sich außer dem Wasserstoff, zu dem wir noch kommen werden, lediglich die drei folgenden Lösungen an.

1. Pumpspeicherwerke

Zur Speicherung in mechanischer Energie in Form von Pumpspeicherwerken wird Wasser aus einem tiefergelegenen in ein höhergelegenes Becken durch eine elektrisch angetriebene

Pumpe gepumpt. Bei Bedarf wird das Wasser aus dem höheren Niveau abgelassen und über eine Turbine zur Stromerzeugung genutzt. Der Wirkungsgrad eines Pumpspeicherwerks liegt bei 75 bis 80 %. Deutschland hat eine Kapazität an Pumpspeicherwerken von 9,4 GW, die in der Lage sind, 40 GWh Strom zu liefern.[1] Das reicht für eine Stromversorgung Deutschlands von 35 Minuten.

Neue Standorte in Deutschland sind kaum noch zu finden und erhalten breiten Bürgerprotest. Ich erinnere mich an die Zeit, als ich als RWE-Innogy-Geschäftsführer das Pumpspeicherwerk Atdorf im südlichen Schwarzwald im Jahre 2008 vorantrieb. Mit 1400 MW Nennleistung wäre es das größte deutsche Pumpspeicherwerk geworden. Der Kreisverband von Bündnis 90/Die Grünen (Kreis Waldshut) hatte sich gegen das Pumpspeicherwerk ausgesprochen.[15] Der massive Bürgerprotest und die fehlende Wirtschaftlichkeit führten dazu, dass RWE 2014 aus dem Projekt ausstieg und es der EnBW überließ. Die stellte das Projekt nach dem Erörterungstermin 2017 ein.

Nach dem Ende des Projekts zeigte sich der Bund Naturschutz Deutschland erfreut, da das Kraftwerk nach Ansicht der Organisation den Lebensraum vieler seltener Tiere und Pflanzen zerstört und dem Gebiet insbesondere durch die Eingriffe in den Wasserhaushalt geschadet hätte.[16] Wünschenswert wäre ein perfekter Stromverbund von den Alpenländern bis nach Norwegen. Selbst bei Ausschöpfung aller geologischen Möglichkeiten kommt das eStorage-Projekt der EU zum Ergebnis, dass eine Speicherung von nur etwas mehr als 2000 GWh in ganz Europa (davon allein gut die Hälfte in Norwegen) möglich wäre.[17] Dies ist eine Strommenge, die in Deutschland gerade mal reicht, um eine eintägige Flaute zu überbrücken.

Eine alternative Stromspeicherung in Druckluftspeichern hat sich bis heute als wenig wettbewerbsfähig erwiesen.

2. Thermische Stromspeicherung

Aus Strom Wärme zu machen, kennen wir alle von den Durchlauferhitzern. Aus erhitztem Wasser wieder Strom zu erzeugen, verbietet auf den ersten Blick der damit verbundene Energieverlust. Doch mit Hilfe einiger raffinierter Tricks kann es gelingen, den Energieverlust im Prozess Strom-zu-Wärme-zu-Strom in Grenzen zu halten. Schon im Jahr 1920 patentierte der deutsche Ingenieur Fritz Marguerre aus Mannheim ein Verfahren[18], bei dem Strom in Wärme verwandelt, in Druckwasserspeichern gespeichert und bei Bedarf über Dampfturbinen und Generatoren in elektrische Energie zurückverwandelt wird.

Der deutsche Energieforscher André Thess führte für die Technologie später die Bezeichnung Carnot-Batterie ein. Forscher des Deutschen Zentrums für Luft- und Raumfahrt (DLR), des Karlsruher Instituts für Technologie (KIT) sowie der Universität Stuttgart verfolgen im Projekt NADINE (Nationaler Demonstrator für Isentrope Energiespeicher) das Ziel, mit Hilfe von Strom Hochtemperaturwärmepumpen zu betreiben, die so erzeugte Wärme extrem wärmegedämmt über Monate zu speichern und dann die Wärmeenergie über einen Kraftwerksprozess wieder in Strom zu verwandeln. Angestrebt werden Wirkungsgrade von bis zu 70 %.[19]

NADINE ist vergleichbar mit dem Speicherprojekt MALTA des Nobelpreisträgers Robert Laughlin der Stanford University.[20] Es ist seit einiger Zeit bekannt, dass man Wärme zwischen 250 Grad Celsius und 550 Grad Celsius sehr preiswert und effizient in geschmolzenem Salz speichern kann. Ich selbst habe als RWE Innogy-Vorstand vor zwölf Jahren eine entsprechende Anlage (Andasol 2) in Spanien zur Speicherung von Solarwärme bauen lassen.

Laughlin nutzt zwei gekoppelte Wärmepumpensysteme (geschmolzenes Salz zwischen 220 und 500 Grad Celsius sowie Hexan zwischen –100 Grad und 30 Grad). Er ist zuversichtlich, dass sein MALTA-Speicher Strom günstiger als Pumpspeicherwerke speichern kann. Die thermischen Speicher hätten auf jeden Fall einen Vorteil – sie wären deutlich platzsparender.

Eine erste Pilotanlage mit einer Speicherkapazität von 600 kWh wurde 2019 in der Universität Newcastle gebaut. Die Effizienz betrug beeindruckende 60 bis 65 %.[21] Die Pilotanlage CHESTER mit einer elektrischen Leistung von 10 kW wurde im Jahr 2022 am DLR fertiggestellt und wird derzeit erprobt.

3. Batterien

Hier muss man unterscheiden zwischen Batterien hinter dem Zähler von Haushalten zur kurzfristigen Speicherung von Solarstrom sowie Batteriespeichern, um mittelfristige und langfristige Netzschwankungen auszugleichen. Das erstere macht Sinn, das zweite macht wenig Sinn, weil die Batterien als Langzeitspeicher nur wenige Ladezyklen im Jahr durchlaufen und die Batteriekosten sich auf eine geringe Menge an Kilowattstunden verteilen und daher in Anbetracht der hohen Investition der Strom unbezahlbar würde.

Die Sorge um die Versorgungssicherheit und die extrem angestiegenen Strompreise haben einen Run auf Batterien in Deutschlands Privathaushalten ausgelöst. In den nächsten Monaten wird dort die Zahl von 200 000 Batteriespeichern erreicht.[22] Erst zwei Jahre zuvor waren es 100 000 gewesen. Der weit überwiegende Teil dient als Heimspeicher für Photovoltaikanlagen, um die Tag-Nacht-Schwankungen auszugleichen. Und mehr als die Hälfte aller neuen Photovoltaikanlagen werden nunmehr mit Speicher verkauft. Als Jahresspeicher sind diese Batterien dagegen ungeeignet. Seit der Markteinführung vor etwa sieben Jahren haben sich die Preise für Heimspeicher mehr als halbiert. Doch erst bei einem Drittel der heutigen Speicherkosten wären sie wirtschaftlich.[22]

Die Akkus der Autos stehen definitiv nicht als externe Stromspeicher von Belang zur Verfügung. Dazu sagt Hans-Werner Sinn: »Man müsste den Strom für die winterlichen Dunkelflauten in den noch hellen und windreichen Spätsommermonaten tanken … was natürlich eine völlig irreale Vorstellung ist«.[23] Und selbst dann reicht die Strommenge von 40 Mio. Pkw nur für wenige Stunden.

Und ob die Autobesitzer ihre Fahrzeuge für die Zwischenspeicherung von öffentlich benötigtem Strom zur Verfügung stellen, ist höchst zweifelhaft, denn jeder Lade-Entlade-Vorgang lässt die Batterien altern und führt zu einer früheren Beschaffung einer Ersatzbatterie.[24]

Auch große stationäre Batterien sind kein probates Mittel als Langzeitspeicher. Alle bislang zur Stabilisierung von Stromnetzen eingesetzten Batterien sind für Notsituationen von einigen Stunden vorgesehen. So liefert der von Tesla nach Südaustralien gelieferte Stromspeicher 129 MWh bei einer Leistung von 100 MW oder die am Industriestandort Schwarze Pumpe errichtete BigBattery Lausitz auf Lithiumbasis 53 MWh bei einer Maximalleistung von 50 MW.[25]

Wie die Zahlen zeigen, können solche Batterien allenfalls Minuten und Stunden Strom liefern. Und dieser Strom ist teuer: Bei künftig vielleicht erreichbaren 100 €/kWh Investitionskosten für ein Lithiumbatteriesystem und bei einem heutigen Verbrauch von 1,6 TWh pro Tag erfordert eine 10-tägige Flaute 1600 Mrd. Euro Investitionsmittel. Um die Schwankung eines Jahres auszugleichen, braucht man eher die oben berechneten 27 TWh, entsprechend 2700 Mrd. Euro oder 67 000 Euro pro Haushalt – alle zehn Jahre (Lebensdauer der Batterie). Das sind 6700 €/Jahr im Vergleich zu 1200 € Stromkosten heute.

Die deutschen Akademien Leopoldina und Acatech kommen zum vernichtenden Urteil: »Es ist aber völlig unrealistisch und selbst bei stark sinkenden Kosten für Batteriespeicher nicht bezahlbar, so große Mengen Kurzzeitspeicher zu installieren, dass auch längere Phasen einer hohen Stromproduktion aus Sonne und Wind gespeichert werden können.«[26]

Und selbst als Kurzspeicher für Industrie und Gewerbe scheiden Batterien aus. Sie können einen Beitrag zur Glättung der haushaltsbezogenen Photovoltaik leisten. Aber der Haushaltsstrom macht in Deutschland gerade einmal 25 % der jährlich notwendigen Strommenge aus. Der Rest wird durch Industrie, Gewerbe und Verkehr benötigt, die nicht nach Sonnenstand

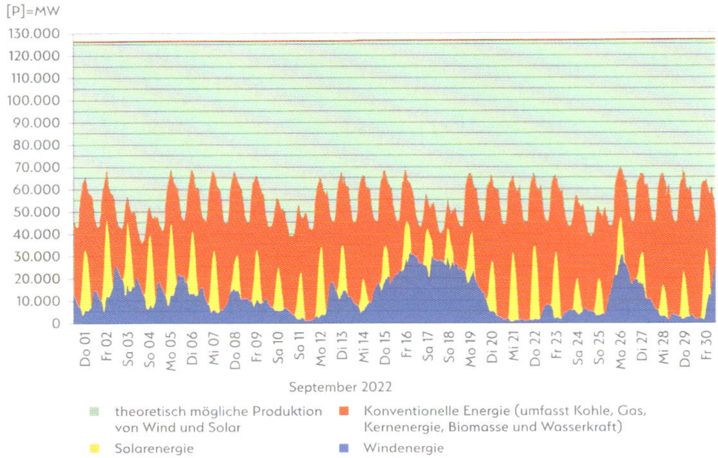

35 Stromverbrauch und -erzeugung im September 2022 setzten sich zusammen aus konventioneller Energie (rot), Solarenergie (gelb) und Windenergie (blau). Man beachte die kurze Dunkelflaute vom 20. bis 25. September.
Quelle: Rolf Schuster[27]

betrieben werden können. Denn das wachsende Problem des weiteren Zubaus der Photovoltaik in Deutschland zeigt der Vergleich zwischen der Einspeisung von Wind- und Solarstrom und dem Verbrauch (siehe Abbildung 35).

Man erkennt sehr gut den Wochenverlauf des Stromverbrauchs mit den Mittags- und Abendspitzen und der zurückgehenden Nachfrage am Wochenende. Heute liegt die Kapazität der Photovoltaik bei 59 000 MW (März 2022), bis 2030 soll sie auf 200 000 MW ausgebaut werden. In den Sommermonaten schraubt sich dann die Photovoltaik mittags auf 200 000 MW hoch, wenn 70 000 MW gebraucht werden, um wenige Stunden später auf Null abzufallen. Die Stabilität des Stromnetzes wird bei solchen gewaltigen Laständerungen in die Knie gehen. Und wollte man den Überschuss der Sommermonate in die Wintermonate transferieren, sprächen wir sehr schnell von einer Batteriekapazität, die unbezahlbar ist.[28]

Wasserstoff als Speicher

Die einzige technisch verwirklichbare Alternative zu den drei dargestellten Speichermöglichkeiten bestünde darin, den überschüssigen Wind- und Solarstrom zur Herstellung von Wasserstoff durch Wasserelektrolyse, zu Methan aus Wasserstoff und CO_2 (power-to-gas) oder aus synthetischen Brenn- und Kraftstoffen (power-to-liquid), zu nutzen. Die Speicherkapazität in Salzkavernen stünde in Deutschland (jedoch nicht weltweit) zur Verfügung oder wäre erschließbar.

Die Weiterkonversion zu verschiedenen flüssigen oder gasförmigen Kohlenwasserstoffen, die eine sehr hohe Energiedichte aufweisen, hat den Vorteil der leichteren Speicherung und Handhabung. Allerdings kostet die Umsetzung einen weiteren Verlust an Energie. Bei der Elektrolyse bleiben nur 70 % der eingesetzten Energie übrig, bei der Verdichtung und Speicherung 90 %, bei der Rückverstromung in einer Gasturbine 33 %. Durchgerechnet bleiben 20 % des zu speichernden Solar- oder Windstroms übrig. Berücksichtigt man die Kapital- und Betriebskosten des Prozesses, kommt man auf Stromkosten von etwa 40 bis 50 €ct/kWh.[29]

Die Speicherung von Strom als chemische Energie in einem Brennstoff erzwingt, dass dieser Brennstoff in einer Wärmekraftmaschine zurück in elektrische Energie gewandelt wird. Die Effizienz dieser Rückverstromung ist aufgrund des Zweiten Hauptsatzes der Thermodynamik begrenzt, so dass selbst hochmoderne Gas- und Dampfkraftwerke auf eine Effizienz von 51 bis 58 % kommen. Die miserablen Wirkungsgrade sind also Folge von fundamentalen Naturgesetzen und keineswegs schlechter Ingenieurskunst geschuldet.

Selbst wenn man davon ausgeht, dass der technologische Fortschritt in den nächsten 20 bis 30 Jahren die Kosten auf lediglich die Hälfte drücken könnte, ist es höchst unsicher, ob der so erzeugte Strom, die so erzeugte Wärme und der so bereit gestellte Kraftstoff im internationalen Kontext wettbewerbsfähig sein werden.

Nach Schätzung der Leopoldina und der Akademie der Technikwissenschaften wird auch bei nahezu 100-prozentiger Wind- und Sonnenstromerzeugung eine Kapazität von etwa 60 bis 100 GW aus Wärmekraftwerken benötigt. Gegenüber der heute installierten Kapazität von etwa 90 GW wird sich der Bedarf an abrufbarer Erzeugungskapazität also kaum verringern. Das sollen dann Gaskraftwerke (heute 26 GW) sein, die mit Wasserstoff oder synthetischem Methan betrieben werden.[26] Wie das bis 2030 zu schaffen sein soll, bleibt das Geheimnis der Bundesregierung.

Wasserstoff kann man bis zu 10 % Methan beimischen und so in das Erdgasnetz einspeisen. Doch eine breitere Anwendung der Wasserstoffwirtschaft bedarf eines eigens für Wasserstoff hergerichteten Pipeline-Netzes.

Mittel- und langfristig wird unsere Energiewirtschaft demnach eine neue Industriebranche benötigen, nämlich große Multi-Megawatt-Fabriken zur Herstellung von Wasserstoff aus erneuerbarem Strom. Allerdings werden noch viele Forschungsjahre ins Land ziehen, bis das Problem eines fluktuierenden Betriebs einer Elektrolyse gelöst sein wird. Es ist eher anzunehmen, dass die kosteneffizienteste klimaneutrale Wasserstoffherstellung in Kernkraftwerken erfolgen könnte.

Neben Elektrolyseuren und Speichern sind nämlich dennoch in großem Umfang Reservekraftwerke erforderlich, um die Versorgung in allen Wetterlagen und zu allen Jahreszeiten zu sichern. Die sind allerdings noch in der Entwicklung. Siemens hofft bis 2030 Wasserstoffkraftwerke entwickelt zu haben.

In der Koalitions-Vereinbarung der jetzigen Bundesregierung wurde allerdings schon ein Gaskraftwerksprogramm von 30 bis 50 GW vereinbart, und zwar Wasserstoff-ready. Das sollen Gaskraftwerke sein, die sich auf die Verbrennung von Wasserstoff umstellen lassen. Dass der teure und spärlich erzeugte Wasserstoff hier eine Verwendung findet, darf bezweifelt werden. Zunächst liegt es nahe, dass Wasserstoff Kohle und Erdgas in der Stahlindustrie und der petrochemischen Industrie ersetzen wird, etwa zur Herstellung von Ammoniak und Düngemitteln.

Wie schwierig der Wasserstoffpfad sein wird, musste selbst die EU-Kommission einräumen, die ja sonst für jeden grünen Hype zu haben ist. In ihrem REPower-EU-Plan hat sie sich zum Ziel gesetzt, bis 2030 zehn Mio. Tonnen grünen Wasserstoff zu importieren und fünf Mio. Tonnen Wasserstoff in der EU zusätzlich zu produzieren.[30] Davon werden 24 % der für Europa geschätzten Mengen Deutschland zugeschlagen.[31] 15 Mio. Tonnen Wasserstoff entsprechen einem Energieinhalt von 50 TWh. Für Deutschland bleiben dann 12 TWh übrig (3,6 Mio. t Wasserstoff). Würde man daraus mit einem Wirkungsgrad von 50 % Strom produzieren, um eine Dunkelflaute zu überbrücken, würden allenfalls 6 TWh übrigbleiben. Das entspricht drei Tagen Dunkelflaute im Jahr 2030.

Aber daran ist – jedenfalls seitens der EU-Kommission – ja gar nicht gedacht. Sie benennt eindeutig als ihr Ziel ihrer Wasserstoffstrategie den Ersatz grauen Wasserstoffs in Raffinerien, bei der Herstellung von Ammoniak und Methanol in der chemischen Industrie sowie den Ersatz fossiler Brennstoffe bei der Stahlherstellung. Daneben soll Wasserstoff bei LKW, Schifffahrt und Luftverkehr zum Einsatz kommen.

Allein der Bedarf der deutschen Stahlindustrie für grünen Stahl beträgt 2 Mio. Tonnen Wasserstoff. Der hierfür benötigte grüne Strom entspricht der heutigen Windproduktion an Land in Deutschland, nämlich 110 TWh. Selbst für diesen noch am ehesten sinnvollen Einsatz von grünem Wasserstoff ist der Finanzbedarf eklatant hoch. Metallexperte Hans-Bernd Pillkahn ermittelte, dass es hierzu Investitionskosten von 150 Mrd. Euro bedarf für: Windkraftanlagen, Gaskraftwerke, Elektrolyseure, Eisenschwamm-Reaktoren und Elektrolichtbogenöfen.[32]

Es bleibt das Geheimnis der Bundesregierung, wie der Bedarf für Wasserstoff-ready-Kraftwerke neben dem Bedarf für Stahl und chemische Industrie gedeckt werden soll.

Dies gilt umso mehr, als die EU plant, den Übergang von Erdgaskraftwerken zu Wasserstoffkraftwerken zu erschweren. In der Taxonomie-Verordnung für Gaskraftwerke hat die EU-

Kommission die Betreiber verpflichtet, dass spätestens am 31.12.2035 Gaskraftwerke auf grünen Wasserstoff umzurüsten sind. Die Gasbranche sieht das als unerfüllbar an. Der Vorstand des Gasverbands Zukunft Gas, Timm Kehler, sieht diese Verpflichtung als ein Killerkriterium für neue Gaskraftwerke an.[33] Noch gibt es keine reinen Wasserstoffturbinen. Man fragt sich wirklich, für wen und mit welchem Sachverstand in Europa Politik gemacht wird.

Übrigens ist die Klimawirkung von Wasserstoffgas nicht unbeträchtlich. Entweichender Wasserstoff reagiert mit den Hydroxyl-Radikalen in der Luft, die als »Waschmaschine« zur Beseitigung von Methan oder Ozon dienen. Diese indirekte Treibhauswirkung ist mehr als viermal so groß wie CO_2.[34]

Wasserstoff – Mädchen für alles?

Wasserstoff ist anders als fossile Energieträger, Kernbrennstoffe oder Erneuerbare Energien kein Primärenergieträger. Wasserstoff erzeugt keine neue Energie, er muss immer aus den Primärenergien umgewandelt werden. Er ist ein Speicher. Auf Wasserstoff liegen große Hoffnungen, denn er erlaubt eine CO_2-ärmere oder gar CO_2-freie Energieerzeugung. Sei es, dass er aus Wasser mit Hilfe von CO_2-freien Energieträgern wie Kernenergie oder erneuerbaren Energien wie Wind oder Solarenergie oder aus fossilen Energieträgern durch Abspaltung von Kohlenstoff in Form von CO_2 hergestellt wird. Daher wird dem Wasserstoff ein ganzes Kaleidoskop von Farben zugeschrieben: Grün (Wasserelektrolyse durch Erneuerbaren Strom), Blau (Umsetzung von Öl, Gas, Kohle durch Dampfreformierung mit Abscheidung von CO_2)), Türkis (Abspaltung von Methan mit CO_2-Abscheidung), Gelb (Elektrolyse mit Kernenergiestrom) und Grau (Abspaltung von Öl, Gas, Kohle ohne CO_2-Abscheidung).

Wasserstoff ist das Zauberwort der Energiewende. In den politischen Willenserklärungen ist er eigentlich schon als Rückgrat der Energieversorgung vorhanden. So dekretierte die Ampel-Regierungskoalition im Dezember 2021, dass man 30 bis 50 neue Gaskraftwerke bauen müsse, um die Stromversorgung auch bei Windstille oder des Nachts, wenn keine Sonne scheint, zu garantieren. Aber diese Kraftwerke sollten wasserstoffready sein, am besten 2030, denn zu diesem Zeitpunkt wollte man idealerweise aus der Kohlekraft in Deutschland aussteigen.

In acht Jahren also sollte Wasserstoff idealerweise Kohle und Gas ersetzen. Das hört sich so an, als ob man jetzt Gaskraftwerke baut, die man bis 2030 dann einfach durch Knopfdruck umschaltet. Doch bislang ist die reine Wasserstoffturbine, die den Strom erzeugen soll, nicht erprobt: RWE wird erst 2024 die erste 34-MW-Turbine von Kawasaki in Lingen austesten.[35] Zudem gibt es auch noch keine erprobte Möglichkeit, durch Erdgasleitungen reinen Wasserstoff zu transportieren, und ob die Erdgasspeicher zur notwendigen Wasserstoffspeicherung herangezogen werden können, ist ebenfalls noch nicht erwiesen. All das soll in sogenannten Reallaboren in den nächsten Jahren erforscht werden.[36]

Gegenwärtig werden die etwa 70 Mio. Tonnen Wasserstoff weltweit vor allem aus Erdgas und Kohle hergestellt. Der Wasserstoff wird hauptsächlich in der Chemieindustrie eingesetzt. Die Elektrolyseverfahren spielen bislang eine untergeordnete Rolle. Die Europäische Union plant bis 2024 eine Elektrolysekapazität von 6 GW aufzubauen und diese bis 2030 auf 40 GW zu erweitern, um dann zehn Mio. Tonnen grünen Wasserstoff zu produzieren.[37]

Deutschland will bis 2030 Elektrolyseure mit einer Gesamtkapazität von 10 GW bauen, das wären dann 2,5 Mio. Tonnen Wasserstoff.[38] In ihrem Fortschrittsbericht zur Wasserstoffstrategie schreibt das Bundesministerium für Wirtschaft und Klimaschutz: »Hindernisse beim Ausbau der Erzeugungskapazität sind neben der limitierten Verfügbarkeit hohe Erzeugungskosten bei der Nutzung Erneuerbarer Energien.«[38] Daher sind 11 Mrd. Euro Bundes- und Landesmittel in Aussicht gestellt, um den Wasserstoff in allen Bereichen zu subventionieren.

Es ist aber völlig illusorisch, die Wasserstoffmengen für die Umstellung der Stahlindustrie, für den Flug- und Schwerlastverkehr und die Wasserstoff-ready-Gaskraftwerke bis 2030 bereitzustellen. Die Stahlindustrie allein benötigt für eine Umstellung von 25 Mio. Tonnen Roheisenerzeugung im Hochofen mit Wasserstoff 2 Mio. Tonnen Wasserstoff.[39] Um schon diese Menge an Wasserstoff zu produzieren, werden etwa 110 TWh erneuerbaren Stroms benötigt. Das entspricht in etwa der Menge an Strom, die heute durch Windkraft an Land erzeugt wird. Dieser Strom war allerdings auch schon verplant für die Wärmepumpen, die neue Gasheizungen ersetzen sollen, die ab 2025 verboten wurden und die wachsende Flotte an Elektro-Fahrzeugen.

Das Problem bei der politisch erwünschten Wasserstoffstrategie ist, dass die Rolle des Wasserstoffs eine von anderen Zielen abgeleitete Funktion ist. Man hat sich politisch in den Kopf gesetzt, bis 2045 Deutschlands Energieversorgung zu 100 % auf Wind- und Sonnenenergie basieren zu lassen – sieht man von den heute schon vorhandenen geringfügigen Anteilen an Wasserkraft und Biomasse ab, die nicht mehr beliebig vermehrbar sind.

Diesem Masterplan wird die gesamte Energieversorgung untergeordnet. Die Unberechenbarkeit von Wind und Sonne erzwingt dann massive Anpassungen auf der Nachfrage-Seite, aber vor allen Dingen eine unvorstellbar große Menge an Energiespeichern, Tagesspeichern, Jahresspeichern, ja sogar an Speichern über Jahre hinweg, da wir wissen, dass sich die Windenergieerzeugung von Jahr zu Jahr um plus oder minus 20 Prozent ändern kann.

Wie bereits gezeigt wurde, ist die einzig technisch machbare Speicherlösung die Umwandlung von Stromüberschüssen in Wasserstoff. Der Wasserstoff hat also vornehmlich eine dienende Funktion zum Ausgleich der als gesetzt geltenden Unzulänglichkeiten von Wind und Sonne. Nur dafür wird eine Wasserstoffwirtschaft, koste es, was es wolle, aufgebaut. Und bitte dalli, dalli das ganze bis 2030 für Strom und bis 2045 für alle Sektoren von Verkehr bis Industrie.

Langfriststrategie für eine Wasserstoffwirtschaft

Eine marktwirtschaftliche Politik würde klugerweise anders vorgehen. Das Ziel ist, CO_2 zu reduzieren, soweit wirtschaftlich und sozial vertretbar. Als Ziel werden dann weder eine Jahreszahl festgelegt noch Sektor für Sektor planwirtschaftlich CO_2-Mengen, wie im Klimaschutzgesetz geschehen. Über den bereits bestehenden Zertifikatehandel werden die zu reduzierenden CO_2-Mengen vorgegeben, und den Rest regeln die Innovation und der Markt.

Möglicherweise würde es dann zu einer Anwendung von Wasserstoff als Reduktionsmittel in der Stahlindustrie kommen. Wie der Wasserstoff produziert worden ist, ob mit Kernenergie, Windenergie oder durch Abspaltung aus Methan, wäre zweitrangig, sofern damit keine CO_2-Emissionen verbunden sind, die den Prozess unwirtschaftlich machen. Vielleicht würde sich ein Wasserstoffantrieb bei Luftfahrzeugen durchsetzen, oder Benzin und Diesel würden durch synthetische Kraftstoffe ersetzt, die auf Wasserstoff basieren.

Wir müssen den Wasserstoff aus dem Prokrustesbett der 100 %-Politik der Erneuerbaren befreien. Wir müssen Forschung und Entwicklung einer Wasserstoffwirtschaft vorantreiben, keine Frage. Langfristig kann er eine wichtige Energiebrücke zwischen Strom, Treib- und Heizstoffen sein. Aber noch lange Zeit wird der Wasserstoff ein sehr teures Backup für die volatilen Erneuerbaren Energien sein.

Um in einer Langfriststrategie Schritt für Schritt die Bausteine für eine Wasserstoffwirtschaft aufzubauen, bedarf es einer ebenso langfristig angelegten gesicherten Versorgung durch Erdgas, in die Wasserstoff oder aus Wasserstoff erzeugtes Erdgas hineinwachsen kann. Der Wasserstoff-Papst der deutschen Forschung, Robert Schlögl, sieht das Dilemma: »Wir sind in Deutschland toll darin, schnell aus etwas auszusteigen. Dann überlegen wir erst, wo wir einsteigen. Das ist auch ein Webfehler unserer Energiewende. Man muss aber erst in etwas Neues einsteigen, und wenn das funktioniert, schaltet man das alte ab.«[40]

Schlögl ist einer der Mentoren von TransHyDE, einem der Leitprojekte der deutschen Wasserstoffstrategie, das sich um Lösungen für die Transportinfrastruktur für Wasserstoff kümmert. Da geht es um den Transport von reinem Wasserstoff oder als Ammoniak, aber auch um Wasserstoff, der gebunden an organische Trägerflüssigkeiten in bestehender Schiffsinfrastruktur verschifft werden kann. Es geht um Hochdruck-Kugelspeicher und die Benutzung bestehender Gasnetz- und Gasspeicher-Infrastrukturen.[41]

Die sukzessive Erhöhung des Wasserstoffanteils im Erdgasnetz ist aber nicht trivial. Da Wasserstoff bei gleichem Druck weniger Energieinhalt als Erdgas trägt, sinkt dieser bei teilweisem Austausch von Erdgas durch Wasserstoff. Werden etwa 20 % des Volumens durch Wasserstoff ausgetauscht, bleiben nur 86 % der Energiemenge übrig.[42] Bei 100 % Wasserstoff sind es nur noch 30 %. Darauf sind die Endgeräte nicht ausgelegt. Turbinen, Heizungen und Herde müssen ersetzt werden.

Will man aber die gleiche Menge an Energie pro Volumen transportieren, muss man den Druck um den Faktor 3 erhöhen. Das erfordert wiederum eine andere Infrastruktur an Pipelines und Kompressoren, wenn man nicht Leckagen und Sicherheit riskieren will. Es bleibt dann nichts anderes übrig, als ein eigenes Wasserstoffpipelinenetz zu bauen, das dann ausgewählte Industriekunden versorgen kann.[41] So ist bis 2026 von einem Industriekonsortium eine Wasserstoffpipeline von Lingen, wo ein Elektrolyseur gebaut werden soll, bis Gelsenkirchen geplant, wo der Wasserstoff in einer Ölraffinerie eingesetzt werden soll.[43]

Der Einsatz des Wasserstoffs ist aber nicht nur nötig, um kohlenstoffhaltige Energieträger wie Öl, Gas und Kohle bei der Energieerzeugung sowie bei stofflichen Prozessen in der Metall-, Zement- und chemischen Industrie zu ersetzen. Er wäre auch in den Planspielen der Bundesregierung nötig, um fluktuierend erzeugten erneuerbaren Strom zu speichern (siehe Kapitel 6).

Da Pumpspeicher aus geologischen Gründen und Batterien aus Kostengründen ausscheiden, ist Wasserstoff tatsächlich die einzig technisch vertretbare Alternative, um Strom zu speichern. Doch in der Kette Strom zu Wasserstoff und zurück zu Strom werden vier Fünftel der Energie verloren. Multipliziert man die Wirkungsgrade der Elektrolyse (75 %)[42] und der Rückverstromung in einer Gasturbine (30 %), so kommt man zu einem Wirkungsgrad von 20 bis 25 %. Schlögl bestätigt das: »Denn um die Schwankungen von Wind und Sonne auszugleichen, muss man ungefähr 50 % der Energie speichern. Wind- oder Sonnenstrom in eine speicherfähige Form umzuwandeln, kostet aber viermal mehr Energie als sie direkt zu verwenden.«[40]

Diese erheblichen Energieverluste werden häufig bei den Rechnungen zur Verwertung von Überschussstrom vergessen. Auch Überschussstrom kostet Geld. Bei Kosten der Kilowattstunde erneuerbaren Stroms von 6,25 €ct/kWh entstehen durch Verluste 31,25 €ct/kWh. Und die Kapital- und Betriebskosten kann man gut und gerne mit zusätzlichen 10 €ct/kWh veranschlagen. Mit solchen Stromkosten lässt sich in Deutschland kein industrieller Prozess mehr wettbewerbsfähig aufrechterhalten.

Das sollte uns nicht davon abhalten, den Wasserstoffpfad mit hohen Anstrengungen weiterzuentwickeln. Denn am Ende zählen Energieverluste nicht, wenn die Kosten des Ausgangsstroms vernachlässigbar klein sind. Es ist André Thess zuzustimmen, wonach billiger Strom und preiswerte Elektrolyse die Schlüssel für die Herstellung von Wasserstoff sind.[44]

Billiger Strom wird aber in Deutschland nach der multiplen Ausstiegspolitik lange ein Traum bleiben. So bleibt die Hoffnung auf den Import preiswerten Wasserstoffs. Das verlangt allein schon die flächenmäßige Unmöglichkeit, Deutschland mit Erneuerbaren Energien autark zu versorgen. Schlögl: »Wir haben jetzt schon die höchste Dichte an Energiewandlern auf der ganzen Welt und damit decken wir nur zehn Prozent des Bedarfs. Wir müssten alles also zehnmal so dicht mit Solaranlagen und Windrädern zupflastern, um den ganzen Bedarf zu decken. Aber wir wollen doch nicht in einem landesweiten Windpark leben.«[40]

Eine solche Importstrategie muss über einen sehr langen Zeitraum angelegt sein, in dem die Erzeugerstaaten ihre erneuerbare Infrastruktur erst einmal entwickeln müssen.

Wie man es nicht machen sollte, zeigte die letzte Bundesforschungsministerin Anja Karliczek. Sie legte 2020 einen Plan vor, der Wasserstoffimport im großen Stil vorsieht, da ja die Erzeugungskosten etwa von Photovoltaik in Nordafrika nur ein Drittel der hiesigen Kosten ausmachen. Allein die Zahl der Sonnenstunden (2400 dort, 1000 hierzulande) erklärt den Kostenunterschied. Die *FAZ* berichtete: »Karliczeks Plan sieht vor, deutsche Windräder, Meerwasserentsalzungsanlagen und Elektrolyseure ins Ausland zu liefern, etwa nach Afrika. Damit würde grüner Wasserstoff hergestellt und nach Deutschland verkauft. Die Ministerin sah darin auch eine Chance für die Wirtschaft. ›Wir wollen Weltmeister auf dem Gebiet des grünen Wasserstoffs werden‹, sagte sie.«[45]

Der alte Desertec-Plan, der Strom aus den »stabilen« Staaten Algerien, Marokko und Libyen über die Alpen transportieren wollte, findet sich hier im Wasserstoff-Modus wieder. Wäre es nicht viel vernünftiger, den nordafrikanischen Staaten bei der Entwicklung einer solaren Wirtschaft zu helfen, und wenn sie sich dann selbst versorgen können und Überschüsse produzieren, den Wasserstoff Schritt für Schritt nach Deutschland zu transportieren?

Auch hier merkt man, es muss alles sehr schnell und zu 100 % ablaufen, weil wir eine angstgetriebene, von der Klimahysterie befeuerte Energiepolitik machen, die in zehn bis 20 Jahren das jetzige Energiesystem vollständig ablösen will. Daher wollen wir anderen Ländern unser Tempo aufdrücken. Diese Länder haben ihre eigene Agenda. Wir träumen vom Import von grünem Wasserstoff aus Marokko, und stattdessen baute das Land in den letzten Jahren zwei Kohlekraftwerke und plant eine Gaspipeline nach Nigeria.

Damit wir wissen, über welche Dimensionen wir sprechen: Da Methan eine dreimal so hohe Energiedichte wie Wasserstoff aufweist, müssten für den Ersatz einer der beiden Nordstream-Leitungen drei Wasserstoffleitungen von Nordafrika nach Deutschland gebaut werden. Würde man den Transport mit tiefkalten Schiffen vornehmen, bräuchte man 1000 Schiffsladungen (à 270 000 Kubikmeter) pro Jahr und die Abfertigung von drei Schiffen am Tag.

Auch die etwas effizientere Methode, mit Hilfe von Kohlenwasserstoffen den Wasserstoff zu transportieren, erfordert 600 Schiffsladungen (à 500 000 Kubikmeter).[46] Und noch einmal sei Robert Schlögl bemüht: »Um das russische Gas durch Wasserstoff zu ersetzen, müssten alle Fabriken auf der Welt, die Elektrolyseure herstellen, 40 Jahre lang Elektrolyseure produzieren, damit man das ersetzen kann – aber nur für Deutschland.«[40]

Auch die Dimension des Ersatzes von Kraftstoffen durch synthetische, auf Wasserstoff basierenden Produkten wird weithin unterschätzt. So werden beispielsweise am Frankfurter Flughafen die Flugzeuge mit jährlich 5,4 Mio. Kubikmeter Kerosin betankt. Der Energiegehalt dieser Menge Kerosin entspricht 50 TWh. Man benötigt mindestens die doppelte Menge an Strom, um die entsprechende Menge synthetischen Kerosins auf Wasserstoffbasis herzustellen. Diese Menge Strom haben im Jahr 2021 sämtliche Windkraftanlagen an Land in Deutschland erzeugt.

Das Beispiel der deutschen Wasserstoffstrategie zeigt beispielhaft, woran die deutsche Energiewende krankt: Man will zu viel, zu schnell, zu teuer, um auf einem von der Politik als einzig möglichen vorgegebenem Weg zum Ziel kommen.

Zu viel: Indem alle Sektoren von der Industrie, der Wärmeversorgung bis zur Mobilität das teure und noch lange knappe Gut Wasserstoff einsetzen sollen.

Zu schnell: Ohne großtechnische Reife bei der Herstellung, der Speicherung, dem Transport, gelöst zu haben, werden Ziele festgeschrieben. Wann man aussteigt, steht schon fest. Wie man einsteigt, ist noch nicht erprobt.

Zu teuer: Die Verbannung des blauen Wasserstoffs macht den Weg in eine Wasserstoffwirtschaft unnötig teuer.

Auch hier gilt die politisch gewollte, planwirtschaftliche Verengung unserer Energiezukunft auf drei Technologien: Wind, Solar und Wasserstoff. Und das wird schiefgehen.

AUSBLICK

Das fossile Zeitalter ist noch nicht zu Ende.

Ausblick:
Was ist zu tun?

Im Wahlkampf des Jahres 2021 erklärte Bundeskanzler Scholz sein Ziel für Deutschland auf dem Tag der Industrie: »Mein Ziel ist ein Industriestrompreis von vier Cent«.[1] Damit würde Deutschland schlagartig zu einem der günstigsten Standorte in Europa werden. Ein Jahr später hatte sich der Strompreis verzehnfacht, die Gaspreise verfünfzehnfacht.

Aluminium- und Stahlwerke stehen still, Düngemittelfabriken schließen, 10 % der mittelständischen Industrie stehen vor dem Aus. Wirtschaftsminister Habeck meinte lange Zeit, dass es sich um eine Gaskrise und keine Stromkrise handelte, weil er glaubte, sich auf diese Weise dem ständig wachsenden Druck zur Verlängerung der Laufzeit der letzten drei Kernkraftwerke entgegenstemmen zu können. Kernkraftwerke würden ja nur 2 % des Erdgases ersetzen können, war seine Argumentation.

Was die Politik übersehen hat

Was aber übersehen wurde, war die Tatsache, dass Gaspreise den Strompreis prägen, wie man an Abbildung 36 sehen kann. In der Merit-Order, der Einsatzreihenfolge von Kraftwerken, werden die Kraftwerke nach ihren Erzeugungskosten in ansteigender Form sortiert. Bei steigendem Bedarf werden immer teurere Kraftwerke hinzugeschaltet. Die teuersten sind die Öl- und

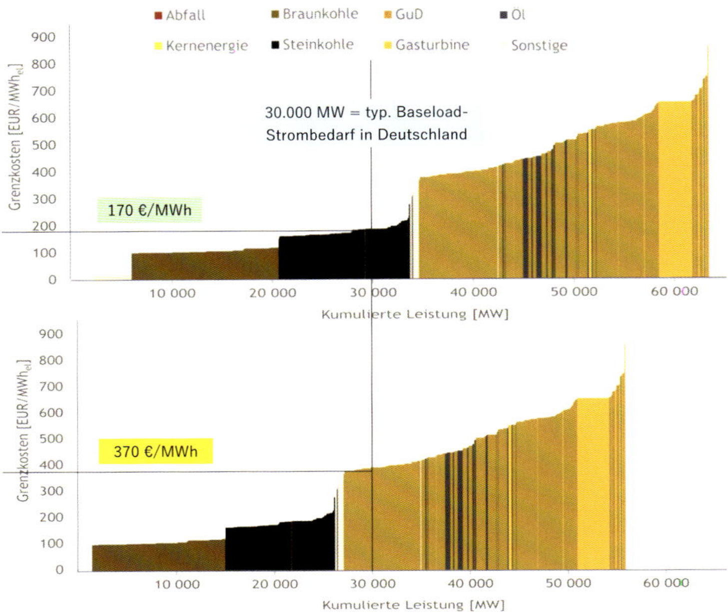

36 Einsatzreihenfolge konventioneller Kraftwerke
Die nach den Erzeugungskosten geordnete Einsatzreihenfolge der konventionellen Kraftwerke (ohne Erneuerbare Energien). Bei einem Bedarf von 30 000 MW liegt der Preis (170 €/MWh) mit 3 Kernkraftwerken und keinem Abbau der Braunkohlekraftwerke weniger als halb so hoch wie in dem unteren Beispiel (370 €/MWh) ohne Kernkraftwerke und weniger Braunkohlekraftwerken.
Quelle: EWI 2022[2]

Gaskraftwerke. Und wie an der Börse üblich, bestimmt das teuerste Kraftwerk den Preis für Strom. Alle Kraftwerke, die günstiger sind, streichen die Differenz zum Börsenpreis als Gewinn ein. Wie man sehen kann, ist der Einfluss gesicherter Grundlast durch Kernkraft und Braunkohle in einem Strommarkt mit extrem hohen Gasstrompreisen von fundamentaler Bedeutung für die Bekämpfung des Preisanstiegs. In dem in Abbildung 36 gewählten Modell verringern sich die Stromkosten in dem angenommenen

Beispiel um mehr als die Hälfte, wenn preiswerte Kernkraft und Braunkohlekraftwerke weiterbetrieben werden. Wir müssen die Kosten für Strom in Deutschland in die Nähe der von Kanzler Scholz propagierten 40 €/MWh senken, um den Kern des Industriestandortes zu erhalten.

Aber manchmal gewinnt man den Eindruck, dass sich die Politik mit der Erosion des Industriestandortes Deutschland schon abgefunden hat. Auf der Höhe der Gaspreiskrise alarmierte der Präsident des Bundesverbandes der deutschen Industrie BDI die Öffentlichkeit mit der Feststellung, dass durch die Industrie 21 % weniger Erdgas verwandt worden sei, allerdings ein großer Teil nicht durch Einsparung, sondern durch Stilllegung und Produktionsdrosselung.[3] Auf diesen Umstand angesprochen, antwortete Minister Habeck am 31. August 2022 auf der Regierungspressekonferenz in Meseberg: »Die Situation, dass wir günstiges Gas aus Russland bekommen, wird nicht wiederkehren. Das ist keine gute Nachricht, weil sie bedeutet, dass ein Strukturbruch passieren kann.«[4] Es brauche neue Geschäftsmodelle in Deutschland, aber man hätte ja beschlossen, das Kurzarbeitergeld zu verlängern.[4]

Eigentlich hätte man nun erwartet, dass ein Aufschrei von den Industriegewerkschaften erfolgen würde. Aber es passierte nichts dergleichen. Die Diskussion in Deutschland drehte sich verständlicherweise um die Entlastung der privaten Haushalte mit explodierenden Strom- und Gasrechnungen. Die Bedrohung der deutschen Industriearbeitsplätze stand zunächst nicht im Mittelpunkt.

Erst sehr spät, im Oktober 2022, kündigte die Bundesregierung die Aufnahme von Schulden in Höhe von 200 Mrd. Euro an, um mittels einer »Gaspreisbremse« neben dem Deckel von 12 €ct/kWh Erdgas für die privaten Haushalte auch einen Deckel von 7 €ct/kWh für die Industrie zu finanzieren. Das wäre für die energieintensive Industrie immer noch das etwa Vierfache des Vorkrisenniveaus.

Die Subvention soll erst ab März/April 2023 in Kraft treten. Sie wäre auch vertretbar, wenn es eine einmalige befristete Brücke hin zu einer Energieversorgung mit einem höheren Angebot an Gas und Strom wäre. Da eine preissenkende Ausweitung des Angebotes aber nicht in Sicht ist, wird die Dauersubvention mit einer höheren Verschuldung des Staates unausweichlich sein.

Wie wir unsere Industrie retten können

Es hätte einiges an politischem Mut bedurft, eine Energiepolitik einzuläuten, die die globale Wettbewerbsfähigkeit unserer Industrie erhält. Frankreich hatte schon seit Jahren einen anderen Weg beschritten. Dort ist den Industrieunternehmen der direkte Zugang zum preiswerten Kernenergiestrom erlaubt. Für rund 45 €/MWh können Industrieunternehmen insgesamt 120 Terawattstunden, 25 % der französischen Erzeugung beziehen, vornehmlich aus Kernkraftwerken. Die EU-Kommission hatte eine solche Vorgehensweise schon 2010 abgesegnet.

Eine grundlegende Korrektur des Strompreisniveaus in Deutschland hätte bedeutet, dass man die Industrie aus relativ preiswertem Strom von neuen Offshore-Windkraftwerken (80 €/MWh) sowie preiswertem Kernenergie- (30 €/MWh) und Braunkohlestrom mit CO_2-Abscheidung (50 €/MWh) versorgt hätte. In der Mischung käme ein Strompreis von 50 €/MWh zustande. Die Offshore-Windfelder müssten zwar noch gebaut werden, für sechs Kernkraftwerke müssten die bereits stillgelegten drei und bei der Braunkohle alle stillgelegten und stillzulegenden Kraftwerke wieder reaktiviert werden und mit CO_2-Abscheidung ausgestattet werden. Island und Norwegen bieten an, das anfallende CO_2 sicher in tiefem Gestein einzulagern.

Das erfreuliche an einem solchen Mix wäre, dass es nicht nur der Industrie und ihren Arbeitsplätzen helfen würde, sondern sich auch über den Merit-Order-Effekt die Erzeugungskosten für den Haushaltsstrom mehr als halbieren ließen. Bei der Offshore-Gesetzgebung hat man sogar für eine solche Vorgehensweise die Tür geöffnet. Im »Windenergie-auf-See-Gesetz« sind in § 96a die

Möglichkeiten geschaffen worden, dass der Strom aus Offshore-Windstromfeldern direkt an Industriekunden abgegeben werden kann.[5] Es bedarf nur einer entsprechenden Verordnung des Bundes.

Die Offshore-Windenergieanlagen bieten sich wegen ihrer höheren Verfügbarkeit von 3500 bis 4500 Jahresstunden an. Gleichwohl benötigen auch sie Speicherkapazitäten. Solange Speicher für Wind- und Sonnenenergie nicht zur Verfügung stehen, benötigen diese Energieträger Backup-Kraftwerke. Die ideale Ergänzung wären Kernkraftwerke. Es ist ein weithin verbreiteter Irrtum, zu glauben, dass Kernkraftwerke zu träge für die volatilen Erneuerbaren seien. Wir haben alle das Bild der Kernkraftwerke, die konstant gefahren werden, vor Augen. Das passiert aber nur aus ökonomischen Gründen, weil Kernkraftwerke am preiswertesten sind und jeder Versorger, der Kern- und Gaskraftwerke hat, bei Windvorrang Gaskraftwerke herunterfährt und nicht Kernkraftwerke.

Es waren die sozialliberalen Koalitionen unter Willy Brandt und Helmut Schmidt, die dafür gesorgt hatten, dass die deutschen Kraftwerke von KWU/Siemens die höchsten Lastgradienten aufweisen.[6] Nach der Ölkrise beschloss die sozialliberale Koalition nämlich die Errichtung von 50 (!) Kernkraftwerken. Jedem war klar, dass sie den Tages- und Nachtschwankungen zu folgen haben. Und so beauftragte das Forschungsministerium eine Generation von Kernkraftwerken (Konvoi), die diese hohe Regelbarkeit aufwiesen. Ein Kernkraftwerk kann seitdem schneller von 100 auf 20 % herunter- oder heraufgefahren werden als ein Gaskraftwerk.

Mit diesen drei Säulen, Offshore-Wind, Braunkohle und Kernenergie, würde man die Deindustrialisierung stoppen und dem Ziel des damaligen Kanzlerkandidaten Olaf Scholz von 40 Euro pro MWh sehr nahekommen. Der Strompreis in 2022 belief sich bis auf 600 €/MWh. Der Strompreis in den USA und in China liegt etwa bei 30 bis 40 €/MWh.

Natürlich werden Solarenergie, insbesondere zur Eigenversorgung von Haushalten, Steinkohlekraftwerke mit CO_2-Abscheidung und Windkraftwerke an Land einen Beitrag zur Stromversorgung leisten können. Doch ohne die drei oben genannten Säulen wird Deutschland einen bisher nie gekannten Wohlstandsverlust erleiden.

Warum wir noch länger Erdgas und Erdöl benötigen, als die Politik annimmt

Strom ist jedoch nur ein Teil unserer Energieversorgung. Wärme und Mobilität erfordern nach wie vor große Mengen fossiler Energien in Form von Erdgas und Erdöl. Wärmepumpen und Elektromobilität werden einen begrenzten Beitrag zur Energieversorgung erbringen. Bei der Wärmepumpe ist die Anwendung in Städten räumlich begrenzt, E-Autos werden vorerst eine Nischentechnologie bleiben. Und beide sind auf gesicherte Stromleistung und vor allen Dingen auf eine massive Ausweitung der Stromerzeugung angewiesen.

Ich bin fest davon überzeugt, dass wir auch noch im Jahre 2045 den größten Teil unserer Energieversorgung durch Erdgas und Erdölprodukte abdecken werden. Das gilt allemal, wenn im Stromsektor, der für die Arbeitsplätze und Wertschöpfung entscheidend ist, weiter die Weichen falsch gestellt werden. Ein Land, das ökonomisch hart zurückfällt, wird sich viele Blütenträume, wie etwa von teurer Wasserstoffwirtschaft, nicht mehr leisten können.

Ein Land auf dem Niveau eines Schwellenlandes – und auf das steuern wir zu – wird keinen Beitrag zur Weiterentwicklung der Energietechnologie erbringen können. Am Ende wird es sich auch Energieimporte immer weniger leisten können. Dann, viel zu spät, wird es notgedrungen die heimischen Quellen wie eigenes Schiefergas und heimische Braunkohle anzapfen müssen.

Es macht wenig Sinn, die genaue prozentuale Aufteilung des Energiemixes aus Kernenergie, Erdgas, synthetischen Kraftstoffen, CO_2-freier Kohle und Erneuerbaren Energien für das Jahr 2045 zu prognostizieren. Damit würden die gleichen planwirtschaftlich anmutenden Fehler der bisherigen Politik wiederholt werden. Diese Politik glaubt, mit einer Festschreibung der Zukunft durch zwei Energieerzeugungen wie Solar- und Windenergie jede Innovation und Technikentwicklung abwürgen zu können.

Die Welt forscht weiter und treibt CO_2-freie Lösungen voran

Die ganze Welt forscht an neuen energietechnischen Errungenschaften. Viele Länder außerhalb der EU versuchen, die fossilen Energiequellen mit den Anforderungen der CO_2-Vermeidung zu verbinden. Die sichere Verbringung in tiefe Gesteinsschichten, in denen das CO_2 auf Dauer in mineralischer Form eingeschlossen ist, steht vor dem Durchbruch – übrigens auch vor unserer Haustür. Daher fängt die Nutzung von Öl, Gas und Kohle ohne CO_2-Belastung gerade erst an. Unter diesen Voraussetzungen ist auch die Erschließung unendlich großer Mengen von Erdgas in Form von Methanhydrat aus der Tiefsee verantwortbar. Weltweit gibt es Forschungen, um den riesigen Methanhydrat-Schatz in den Tiefen der Ozeane nutzbar zu machen. Methanhydrat ist nichts anderes als Eis, in dem Methan gefangen ist. Dies ist auf dem Meeresgrund wegen der tiefen Temperaturen und dem hohen Druck möglich. Es ist nur extrem schwierig, diesen Schatz ans Tageslicht zu befördern, ohne dass das Gas freigesetzt wird und sich verflüchtigt. Die Vorkommen machen ein Vielfaches aller Gas- und Ölquellen aus. 2017 gelang es erstmals China und Japan, größere Mengen zutage zu fördern. Immerhin fördert China täglich 16 000 Kubikmeter Methanhydratgas.[7] Neben Japan und China verfolgen auch Südkorea, Indien, Kanada und die USA Forschungsprojekte, um Methanhydratgas zu erschließen. Methanhydrat lässt sich auflösen, indem man heißes Wasser einpresst oder mithilfe von Pumpen den Druck im Bohrloch verringert.

Eine interessante Entwicklung besteht darin, Kohlendioxid ins Hydrat zu pumpen. Dort verdrängen die Kohlendioxidmoleküle das Methan, so dass das Hydrat nicht zerfällt und das Erdgas freigesetzt wird. Zudem entsteht dabei etwas Wärme (weil das CO_2-Hydrat stabiler ist als das Methanhydrat, was den Prozess begünstigt). Bis 2018 wurde diese Forschung in Deutschland noch maßgeblich gefördert.[8]

Das Land der Dichter und Denker erzählt sich derweilen Märchen über die energetischen Erfordernisse, aber es denkt nicht mehr nach. Die Zukunft wird von NGOs geprägt und nicht mehr von technischen Hochschulen und innovativen Unternehmen. Energieforschung findet nur noch in politisch eng markierten Grenzen statt. Forschung für eine sichere Kerntechnik ist verboten, Entwicklung neuer unbedenklicher Flüssigkeiten zur Anwendung bei Fracking-Aufschlüssen bleibt aus, weil Fracking verboten ist, neue Abscheidetechnologien für CO_2-Abgase sind politisch nicht gewollt. In Sachen Energieforschung ist Deutschland eher der Geisterfahrer in der Welt.

Deutschland ist nur noch bei der Fusionstechnologie dabei

Es gibt eine einzige Zukunftstechnologie, bei der Deutschland in Forschungsprojekten involviert ist: Die Fusionstechnologie. Fusionstechnologie bedeutet, die Energieprozesse der Sonne auf der Erde direkt nutzbar zu machen. Aber die deutsche Beteiligung am europäischen Kernfusionsprojekt hing immer am seidenen Faden. Jahrelang stellten die Grünen in der Opposition im Haushaltsausschuss den Antrag, die etwa 200 Mio. für die Fusionsforschung zu streichen. Es war ein genialer Schachzug von Gerhard Schröder, der die Fusionsforschung zum großen Teil nach Greifswald im Osten Deutschlands verlagern ließ. So schützte er das zarte Pflänzchen vor dem grünen politischen Furor, der alles, was nicht mit Sonnen- und Windenergie zusammenhängt und dann noch das Präfix Kern in Kernfusion aufweist, mit Denkverboten versieht. Eines der wenigen herausragenden Zentren der Forschung von internationaler Bedeutung im sonst spärlich besetzten Osten Deutschlands konnte sich so entwickeln. Noch 2020 erklärte die Grüne und Vorsitzende des Bundestags-Umweltausschusses, Sylvia Kotting-Uhl: »Nach erfolglosen Jahrzehnten weitere fünf Mrd. Euro in ein aussichtsloses Projekt zu pumpen, zeugt von mangelndem Zukunftsverständnis«. Anstatt auf ein Wunder in ferner Zukunft zu hoffen, müssten Deutschland und die EU in bereits ausgereifte Klimaschutztechnologien investieren, sagte Kotting-Uhl.[9] Nach Wind und Sonne gibt es keine Energieforschung mehr in andere Technologien, wenn es nach den Grünen geht:

Wenn der Staat über die Richtung und Ergebnisse von Wissenschaft bestimmt, nennt man das »Lyssenkoismus«. Trofim Denissowitsch Lyssenko war ein Pflanzenforscher, der die Forschungsvorgaben von Stalin umsetzte. Dies führte zu verheerenden Hungersnöten in Russland.[10] Anders als bei den Grünen steht es im Abschlussbericht des beratenden Ausschusses zur Fusionsenergie der US-Regierung in 2020: »Jetzt ist es an der Zeit, den Einsatz der Fusionsenergie energisch voranzutreiben, die die moderne Gesellschaft maßgeblich mit Energie versorgen und gleichzeitig den Klimawandel eindämmen könnte.«[11] Dass um die schnellstmögliche Nutzung der Fusionstechnologie ein globaler Hyper-Wettbewerb entbrannt ist, wundert bei den Potenzialen dieser Technologie nicht. Das größte Projekt ist zweifelsohne der Fusionsreaktor ITER, an dem 35 Staaten arbeiten und das 2025 das erste Plasma erzeugen soll. Bis zu einer Nettostromerzeugung wird es aber noch weitere zehn Jahre dauern. Das erste Demonstrationskraftwerk soll erst danach gebaut werden.

China will mit seinem Fusionsreaktor CFETR den ITER überholen.[12] Es leistet sich einen Überbietungswettbewerb mit dem südkoreanischen Projekt KSTAR, das es 2020 geschafft hatte, 20 Sekunden lang ein 100 Mio. Grad heißes Plasma zu erzeugen. China schaffte es mittlerweile 100 Sekunden lang, 120 Mio. Grad Celsius zu erreichen. Südkorea will das bis 2025 mit 300 Sekunden überbieten.

Daneben gibt es 30 privat finanzierte Startups in der Welt, etwa Generalfusion[13] von Jeff Bezos oder Helion Energy[14] des Investors Peter Thiel. Alle wollen noch in diesem Jahrzehnt den Durchbruch erreichen. Viele der Startups werden scheitern. Es reicht jedoch ein einziges Unternehmen, das es schafft, den Traum von unerschöpflicher, preiswerter, umweltfreundlicher und nicht zuletzt risikoarmer Energie Wirklichkeit werden zu lassen.

Deutschland wird nur noch die Chance haben, von anderen zu lernen. Aber würde eine deutsche Regierung um den Standort der ersten Fusionsreaktoren kämpfen? Aus heutiger Sicht erscheint das abwegig. Eine Gesellschaft, die nie Energieknappheiten kannte und die mit infantilen politischen Aussagen wie des Speicherns vom Strom im Netz oder der Speicherung von Strom durch Tiefkühlhähnchen[15] oder der Kosten der Energiewende in Form von Eiskugeln für dumm verkauft wurde, muss erst die bittere Erfahrung machen, dass die Energiewende gescheitert ist. Erst dann ist sie bereit, wieder Risiken einzugehen und Chancen zu ergreifen. Mit der Energiewende platzen andere politisch korrekten Mantras. Das E-Auto hat in einer Welt von 200 Euro pro MWh keine Zukunft. Es geht schnell, Technologien, Unternehmen und Arbeitsplätze zu zerstören. Es wird lange dauern, bis in Deutschland wieder Verbrennungsmotoren entwickelt werden, um die uns die Welt beneidet. Es werden Jahre vergehen, bis für diese Entwicklung CO_2-armer synthetischer Kraftstoff politische Mehrheiten findet. Solange aber die eindimensionalen Bremser und Hohepriester des Establishments in den Redaktionsstuben des öffentlichen Rundfunks das Sagen haben, wird sich nicht viel ändern.

Statt uns mit innovativen Zukunftsenergien zu befassen, müssen wir uns auf Blackouts oder vorsorgliche Reihumabschaltungen von Strom in wechselnden Stadtteilen nach dem Modell Kapstadt einstellen. Natürlich helfen uns Zukunftsenergien, an denen noch geforscht werden muss, wie Fusionskraftwerke oder Kernkraftwerke der vierten Generation, nicht dabei, die Große Energiekrise der 2020er-Jahre zu lösen.

Zu viele schwerwiegende politische Fehler sind in den 16 Jahren von Kanzlerin Merkel gemacht worden. Die von ihr angeführten Bundesregierungen haben mit dem Kernenergieausstieg, dem Kohleausstieg, dem Stopp der eigenen Erdgasförderung, der Zerstörung der eigenen Automobilindustrie durch den Ausstieg aus dem Verbrennungsmotor, der bewusst herbeigeführten Abhängigkeit von russischem Erdgas, dessen Beendigung nun zu einem Zusammensturz der industriellen Produktion führt, so großen Schaden über das deutsche Volk gebracht, dass er nicht in wenigen Jahren wiedergutzumachen ist.

Die Industrien, die jetzt schließen müssen oder abwandern, die hochwertigen Arbeitsplätze und das immense Steueraufkommen, die jetzt verloren gehen, kommen so schnell nicht wieder. Es wird zehn bis 20 Jahre dauern, bis wir uns aus den Trümmern dieser Politik hervorgearbeitet haben. Aber die Welt um uns herum erarbeitet neue Wege in Forschung und Entwicklung um eine Menschheit von 10 Milliarden mit zuverlässigen und preiswerten Energien zu versorgen. Das würde zumindest der nächsten Generation hierzulande helfen, davon Gebrauch zu machen und nicht wie die jetzige Generation in die selbstgestellte Falle einer tiefen Energiekrise zu stolpern.

Um sich von all den Fallstricken zu befreien, braucht es eine Zeitenwende der Energiepolitik, eine Abkehr vom grünen Monster des Green Deal, der uns in diese missliche Lage gebracht hat. Der Krieg gegen den Kohlenstoff muss beendet werden. So wie es sogar der Weltklimarat gefordert hat: Ja zur Kernenergie, Ja zu fossilen Quellen mit CO_2-Abscheidung und Ja zu Erneuerbaren Energien.[16]

Die Schritte, die uns zu dieser Zeitenwende der Energiepolitik führen, sind in der Liste »20 notwendige Schritte auf dem Weg aus der Großen Energiekrise« am Ende dieses Buches aufgelistet.

Denn nur wenn preiswerte, umweltfreundliche, versorgungssichere Energie zur Verfügung steht, werden wir die Große Energiekrise hinter uns lassen können.

20 SCHRITTE

auf dem Weg
aus der Großen
Energiekrise

20 notwendige Schritte auf dem Weg aus der Großen Energiekrise

- Entwicklung von CO_2-freier Kohletechnologie und Umbau von bestehenden zu grünen Kohlekraftwerken
- Aufhebung des Verbots der Sequestrierung von CO_2
- Gas und Kraftstoff aus Braunkohle bei gleichzeitiger Sequestrierung des CO_2
- Aufhebung des Kohleausstiegsgesetzes
- Verstärkung des Energieforschungsprogramms und Erweiterung um inhärent sichere Kernkraftwerke der vierten Generation
- Statt Endlagerung abgebrannter Brennelemente Initiierung eines Kreislaufs zur Wiederverwertung
- Weiterbetrieb der sechs abgestellten Kernkraftwerke und Aufhebung des Kernenergieausstiegs
- Aufhebung des Fracking-Verbots in Deutschland und Förderung des eigenen Schiefergases

- Forcierung wettbewerbsfähiger Stromspeichertechnologien
- Aufhebung des europäischen Verbots von Verbrennungsmotoren und Förderung der Entwicklung synthetischer Kraftstoffe
- Einstellung der Subventionierung der E-Mobilität
- Weitere Wind- und Solarkraftwerke nur unter der Voraussetzung, dass der entsprechende Strom gespeichert oder ein Backup nachgewiesen werden kann
- Aufhebung der Begrenzung der Wasserstoffforschung auf alleinig grünen Wasserstoff
- Wasserstofferzeugung durch Kernenergie
- Beteiligung Deutschlands an einem weltweiten Aufforstungsprogramm
- Verstärkung der Fusionsforschung
- Wiederaufnahme der Forschung über Gashydratförderung
- Aufhebung des Verbots der Gasheizungen
- Beendigung der Belastung der Haushalte durch das deutsche Brennstoffhandelsgesetz
- Zeitliche Begrenzung der Belastung des europäischen CO_2-Zertifikatehandels auf 50 Euro pro Tonne CO_2

Quellenverzeichnis

Einführung

1. Yergin, D., The new map, Energy, climate and the clash of nations, Penguin Books, New York, 2021
2. https://ourworldindata.org/energy-mix
3. https://www.energieclub.ch/de/wissen
4. https://de.wikipedia.org/wiki/Erntefaktor
5. Welt im Wandel – Gesellschaftsvertrag für eine Große Transformation, https://www.wbgu.de/de/publikationen/publikation/welt-im-wandel-gesellschaftsvertrag-fuer-eine-grosse-transformation
6. Climate change 2022, Summary for policymakers, https://www.ipcc.ch/report/ar6/wg2/downloads/report/IPCC_AR6_WGII_SummaryForPolicymakers.pdf
7. Bundes-Klimaschutzgesetz, https://www.bmuv.de/gesetz/bundes-klimaschutzgesetz
8. Vahrenholt, F.; Lüning, S., Unanfechtbar – der Beschluss des Bundesverfassungsgerichtes zum Klimaschutz im Faktencheck, Langen Müller Verlag, München 2021, https://www.langenmueller.de/seiten/produktdetails-buch/product/3241/Unanfechtbar%3F/
9. Helmholtz Klima-Initiative Klimafakten, https://www.helmholtz-klima.de/klimafakten/behauptung-die-anfaelligkeit-des-klimas-fuer-veraenderungen-wird-ueberschaetzt
10. Deutsches Klimakonsortium, https://www.deutsches-klima-konsortium.de/de/klimafaq-7-1.html
11. Loeb, N. G.; Doelling, D. R.; Wang, H.; Su, W.; Nguyen, C.; Corbett, J. G.; Liang, L.; Mitrescu, C.; Rose, F. G.; Kato, S., Clouds and the Earth's Radiant Energy System (CERES) Energy Balanced and Filled (EBAF) Top-of-Atmosphere (TOA) Edition-4.0 Data Product. J. Clim. 2018, 31, 895–918, https://journals.ametsoc.org/view/journals/clim/31/2/jcli-d-17-0208.1.xml
12. Duebal, H.-R.; Vahrenholt, F., Radiative Flux Variation from 2001-2020, Atmosphere 2021, 12 (10) 1297, https://www.mdpi.com/2073-4433/12/10/1297
13. ECMWF, Clouds and sunshine duration, https://climate.copernicus.eu/esotc/2020/clouds-and-sunshine-duration

14. Vahrenholt, F.; Lüning, S., Unerwünschte Wahrheiten, Langen Müller Verlag, München 2020, S. 340 ff.
15. Vahrenholt, F., Lüning, S., Unerwünschte Wahrheiten, Langen Müller Verlag, München 2020, S. 228 ff.
16. Max-Planck-Institut für Meteorologie Hamburg, https://mpimet.mpg.de/kommunikation/aktuelles/single-news/erhebliche-anhaltende-fehler-in-cmip6-simulationen-von-tropischen-niederschlaegen
17. ARD alpha, 17.7.2022, https://www.ardalpha.de/wissen/umwelt/nachhaltigkeit/weltbevoelkerung-bevoelkerungswachstum-menschen-erde-welt-110.html

Kapitel 1

1. Sydney marketing society, 1. Aug. 2021, https://www.smsusyd.com/post/bp-rebranding-in-2000-marketing-campaign-fails-2
2. Linkenheil, S., Krisen PR/Beispiel und Analyse: Brent Spar – ein Ölkonzern hat ein Problem, 2000, https://www.grin.com/document/95153
3. Uken, M., Die größte Katastrophe für BP, *Die Zeit*, 3.5.2010, https://www.zeit.de/wirtschaft/2010-05/bp-oelkatastrophe-image
4. Instabiler Zement mögliche Ursache für Ölpest, *FAZ* 29.10.2010, https://www.faz.net/aktuell/gesellschaft/deepwater-horizon-instabiler-zement-moegliche-ursache-fuer-oelpest-1580259.html
5. Klaus, K., Die schlimmste Ölkatastrophe: Zehn Jahre Deepwater Horizon, Bayrischer Rundfunk, 20.4.2020, https://www.br.de/nachrichten/wissen/die-schlimmste-oelkatastrophe-zehn-jahre-deepwater-horizon
6. Solarworld übernimmt Solaraktivitäten von Shell, *FAZ*, 2.2.2006, https://www.faz.net/aktuell/wirtschaft/unternehmen/energie-solarworld-uebernimmt-solaraktivitaeten-von-shell-1301645.html
7. https://de.wikibrief.org/wiki/BP_Solar
8. https://www.shell.com/about-us/annual-publications/annual-reports-download-centre/_jcr_content/par/tabbedcontent_f645/tab_1886924383/textimage.stream/1509452735651/d93b1705edc04a82bbf00a709b9e975f3e3573ad/faoi-2001-2005.pdf
9. https://reports.shell.com/annual-report/2021/consolidated-financial-statements/statement-of-cash-flows.html; https://reports.shell.com/annual-report/2013/servicepages/about_disclaimer.php
10. Li, M.; Trencher, G.; Asuka, J. (2022) The clean energy claims of BP, Chevron, ExxonMobil and Shell: A mismatch between discourse,

actions and investments. https://journals.plos.org/plosone/article?id=10.1371/journal.pone.0263596

11. Goehring, L.; Rozencwajg, A., The energy crisis is here, https://f.hubspotusercontent40.net/hubfs/4043042/Content%20Offers/2021.Q3%20Commentary/2021.Q3%20GR_Market_Commentary.pdf
12. Doshi, T., The revenge of fossil fuels, Forbes, 10. Juni 2022, https://www.forbes.com/sites/tilakdoshi/2022/06/10/the-revenge-of-the-fossil-fuels/?sh=e42eda65bbce&mc_cid=221dd44e33&mc_eid=4961da7cb1
13. https://www.aktiencheck.de/exklusiv/Artikel-Anglo_American_Abspaltung_zum_Erreichen_CO2_Reduzierungsziels_Aktien analyse-12969027
14. BHP Billiton: Neues Kursziel nach South 32-Abspaltung, https://www.4investors.de/nachrichten/boerse.php?sektion=stock&ID=92543
15. Kort, K., Aktivistische Aktionäre erobern dritten Platz im Exxon-Board, 3.6.21, https://www.handelsblatt.com/unternehmen/energie/oelkonzern-aktivistische-aktionaere-erobern-dritten-platz-im-exxon-board/27251754.html
16. https://www.finanzen.net/rohstoffe/oelpreis/chart
17. https://www.theice.com/products/27996665/Dutch-TTF-Gas-Futures/data?marketId=5350859&span=2
18. https://news.sky.com/story/north-sea-gas-government-balancing-on-environmental-tightrope-as-shell-plans-drilling-in-jackdaw-field-12513617
19. https://www.theguardian.com/environment/2022/may/19/uk-has-approved-several-fossil-fuel-projects-since-cop26-analysis-finds
20. https://www.bundesregierung.de/breg-de/suche/kein-fracking-in-deutschland-321100
21. https://static.foxbusiness.com/foxbusiness.com/content/uploads/2022/03/A-Promise-Kept_Bidens-War-on-Energy-FINAL.pdf
22. *The Arab weekly*, 24.5.2022, https://thearabweekly.com/aramco-ceo-warns-global-oil-crunch-due-lack-investment
23. https://www.reuters.com/markets/commodities/russias-rosneft-bets-giant-vostok-reshape-europes-oil-market-2021-12-23/
24. https://interfax.com/newsroom/top-stories/80105/
25. https://info.gorozen.com/2021-q4-market-commentary-the-distortions-of-cheap-energy
26. https://www.tagesschau.de/wirtschaft/konjunktur/oelpreis-oelreserven-usa-101.html

27. *Bild Zeitung*, 23.10.2020, https://www.bild.de/politik/ausland/politik-ausland/trump-biden-demokraten-zoff-nach-oel-patzer-73554128.bild.html
28. Die USA umwerben wieder Saudi-Arabien, *Süddeutsche Zeitung*, 2.6.2022, https://www.sueddeutsche.de/politik/russland-saudi-arabien-oelfoerderung-1.5596508
29. Goehring, L.; Rozencwaig, A., 24.3.2022, https://blog.gorozen.com/blog/the-oil-crisis-is-unfolding-in-slow-motion
30. Seibert, T., *Tagesspiege*l, 5.10.2022, https://www.tagesspiegel.de/wirtschaft/gegen-den-willen-des-westens-ol-staaten-wollen-weniger-fordern-8718322.html
31. Dreisbach, S., *FAZ*, 3.6.2022, https://www.faz.net/aktuell/politik/ausland/khashoggi-us-praesident-biden-reist-nach-saudi-arabien-18079873.html
32. https://www.bp.com/content/dam/bp/business-sites/en/global/corporate/pdfs/energy-economics/energy-outlook/bp-energy-outlook-2020.pdf
33. Carbon brief, sept 2020, https://www.carbonbrief.org/analysis-world-has-already-passed-peak-oil-bp-figures-reveal/
34. IEA, Net zero by 2050, Mai 2021, https://www.iea.org/reports/net-zero-by-2050
35. Wetzel, D., Klimaschutz und Wirklichkeit am Ölmarkt klaffen weit auseinander, https://www.welt.de/wirtschaft/plus231322731/Klimawandel-Die-IEA-warnt-die-Konzerne-machen-weiter.html
36. https://www.iea.org/about/structure
37. https://www.erneuerbare-energien.de/EE/Redaktion/DE/Pressemitteilungen/2017/20171107-baake-beim-iea-ministertreffen.html
38. https://unser-mitteleuropa.com/energieagentur-chef-benzin-bald-knapp/
39. Our world in data 2022, https://ourworldindata.org/energy-mix
40. No new oil, gas or coal development if world is to reach net zero by 2025, *The Guardian* 18.5.2021, https://www.theguardian.com/environment/2021/may/18/no-new-investment-in-fossil-fuels-demands-top-energy-economist
41. Harvey, F.; Taylor, M.; Carrington, D., Climate chaos certain, if oil and gas mega-projects go ahead, The Guardian, 17.5.2022, https://www.theguardian.com/environment/2022/may/12/oil-gas-mega-projects-climate-iea-fatih-birol-carbon-bombs-global-energy-crisis-fossil-fuel

42. BP Energy outlook 2022, https://www.bp.com/content/dam/bp/business-sites/en/global/corporate/pdfs/energy-economics/energy-outlook/bp-energy-outlook-2022.pdf
43. The institute of Energy Economics Japan, IEEJ outlook 2022, https://eneken.ieej.or.jp/data/10041.pdf, S. 1
44. https://eneken.ieej.or.jp/data/10041.pdf, S. 30
45. Zhang, K.; Lau, H. C.; Liu, S.; Liu, H., Sciencedirect, Energy, Vol. 247, 15 may 2022, 123470, https://www.sciencedirect.com/science/article/abs/pii/S0360544222003735#!
46. https://oilnow.gy/featured/cnooc-completes-first-carbon-capture-project-for-chinese-offshore-oilfield/
47. Carbon Brief, 24.3.2022 China Briefing, https://www.carbonbrief.org/china-briefing-24-march-2022-14fyp-energy-plan-more-plans-on-energy-storage-and-hydrogen-chinas-emissions-analysis/
48. https://www.ceicdata.com/en/indicator/china/coal-production
49. Halcomb, M., World oil 9.3.2022, https://www.worldoil.com/news/2022/3/9/ceraweek-saudi-aramco-ceo-highlights-global-energy-crisis-energy-transition-woes/
50. Saudi Aramco Annual Report 2021, https://www.aramco.com/-/media/publications/corporate-reports/saudi-aramco-ara-2021-english.pdf, S. 11
51. NS Energy, https://www.nsenergybusiness.com/projects/jafurah-gas-field-development/#
52. *Arab News*, 23.5.2022, https://www.arabnews.com/node/2088086/business-economy
53. https://eneken.ieej.or.jp/data/10041.pdf, S. 132
54. https://eneken.ieej.or.jp/data/10041.pdf, S. 133
55. https://eneken.ieej.or.jp/data/10041.pdf, S. 130
56. Reuters 19.4.2022, https://www.reuters.com/world/asia-pacific/japan-fund-892-mln-help-develop-low-emission-fuels-2022-04-19/
57. Kölling, M., Der nächste Schritt ins Wasserstoff-Zeitalter, *Handelsblatt* 9.8.2022, S. 23
58. Kersting, S., COP 26 in Glasgow, https://www.handelsblatt.com/politik/international/cop26-in-glasgow-kohleausstieg-finanzhilfen-waelder-das-wurde-auf-der-weltklimakonferenz-bisher-erreicht/27782260.html
59. https://de.statista.com/infografik/22439/anzahl-der-aktiven-kohlekraftwerke-weltweit/
60. https://docs.google.com/spreadsheets/d/1W3pt5Fhqit-HwbVWvvgfRr0S6QfqfOuea9pt3-Mlxp5M/edit#gid=1682876416

61. IEA, Net zero by 2050, 2021, S. 40, https://www.iea.org/reports/net-zero-by-2050
62. https://eneken.ieej.or.jp/data/10041.pdf, S. 22
63. Bundesanstalt für Geowissenschaften und Rohstoffe, Energiestudie 2021, S. 102 ff., https://www.bgr.bund.de/DE/Themen/Energie/Downloads/energiestudie_2021.pdf?__blob=publicationFile&v=4. Die Reserven an Braunkohle betragen 320,5 Gt bei einem jährlichen Verbrauch von 0,966 Gt. Bei Steinkohle sind es 756,2 Gt Reserven bei einem Jahresverbrauch von 6,679 Gt. Die Ressourcen an Braunkohle betragen 3681 Gt und an Steinkohle 16189 Gt.
64. Ebenda S. 73 ff. Der Verbrauch an Öl im Jahr 2020 betrug 5,16 Gt, die Reserven betragen 245 Gt und die Ressourcen 500 Gt.
65. Ebenda S. 33. Der weltweite Verbrauch an Gas betrug 4 Billionen Kubikmeter. Die BGR geht von 630 Billionen Kubikmetern Gasressourcen aus.
66. Shale Gas Information Platform. Eine Initiative des Helmholtz-Zentrums Potsdam, https://www.shale-gas-information-platform.org/de/ship/areas/grundlagen/index.html
67. https://www.eia.gov/analysis/studies/worldshalegas/
68. Finanzen.net https://www.finanzen.net/rohstoffe/kohlepreis/chart
69. Sinn, H. W., Das grüne Paradoxon-Plädoyer für eine illusionsfreie Klimapolitik, Berlin, 2008, https://www.hanswernersinn.de/de/themen/GruenesParadoxon
70. https://www.hanswernersinn.de/de/joachim-weimann-die-dinosaurier-werden-immer-trauriger
71. Konrad, K., https://www.mpg.de/19003000/die-unerwartete-zukunft-von-oel-und-gas

Kapitel 2

1. Stephen H. Schneider in an interview in *Discover*, (October 1989), pp. 45–48 zitiert nach https://wattsupwiththat.com/2019/04/11/the-person-who-set-the-stage-for-entire-deception-of-human-caused-global-warming-agw-stephen-schneider/
2. IPCC, »Climate change 2021, Summary for policymakers«, https://www.ipcc.ch/report/ar6/wg1/downloads/report/IPCC_AR6_WGI_SPM.pdf, S. 13
3. BGR (2019), »BGR Energiestudie 2019 – Daten und Entwicklungen der deutschen und globalen Energieversorgung«, S. 41, https://www.bgr.bund.de/DE/Themen/Energie/Downloads/energiestudie_2019.pdf?__blob=publicationFile&v=6

4. Newell, R. et al. (2021), »Global Energy outlook 2021: Pathways from Paris«, https://www.rff.org/publications/reports/global-energy-outlook-2021-pathways-from-paris/
5. Vahrenholt, F.; Lüning, S., Unerwünschte Wahrheiten, S. 279, 8. Auflage, Langen Müller Verlag, München 2020
6. IPCC, »Climate change 2021, Summary for policymakers«, S. 18, https://www.ipcc.ch/report/ar6/wg1/downloads/report/IPCC_AR6_WGI_SPM.pdf
7. Eckert, Werner, Tagesschau, »Schnellere Erwärmung, extremere Wetter«, 9.8.2021, https://www.tagesschau.de/ausland/europa/weltklima-bericht-ipcc-101.html
8. Müller-Jung, Joachim (2021), »Die Klimakrise ist jetzt auch im letzten Winkel des Planeten spürbar – Erwärmung um bis zu 5,7 Grad«, in *FAZ* vom 9.8.2021, https://www.faz.net/social-media/instagram/bericht-des-weltklimarats-ipcc-klimakrise-weltweit-spuerbar-17476855-p3.html
9. IPCC, »Climate change 2021, Summary for policymakers«, S. 5
10. https://vaclavsmil.com/2022/07/11/how-the-world-really-works-2/
11. Gates, B., Three cheers for the dull, factually correct middle, 6.6.2022, https://www.gatesnotes.com/Books/How-the-World-Really-Works
12. Voosen, P. Clark, Science, 21.3.2018, https://www.science.org/content/article/meet-vaclav-smil-man-who-has-quietly-shaped-how-world-thinks-about-energy
13. Shellenberger, M., https://www.langenmueller.de/verlage/langen-mueller/produktdetails-buch/product/3277/Apokalypse%2C%20niemals%21/
14. Koonin, Steven, London, 20.10.2021, https://www.thegwpf.org/content/uploads/2021/11/Steve-Koonin-2021-GWPF-Lecture.pdf
15. Lomborg, B., https://www.lomborg.com/publications
16. Bojanowski, A., *Die Welt*, 17.6.2022, https://www.welt.de/wissenschaft/plus239362235/Lennart-Bengtsson-In-100-Jahren-wird-Klimawandel-kein-Thema-mehr-sein.html
17. IPCC, »Climate change 2021, Summary for policymakers«, https://www.ipcc.ch/report/ar6/wg1/downloads/report/IPCC_AR6_WGI_SPM.pdf, S. 6
18. https://vahrenholt.net/publikationen/
19. IPCC, 2013, S. 417, https://www.ipcc.ch/site/assets/uploads/2018/02/WG1AR5_Chapter05_FINAL.pdf, S. 417
20. Büntgen, U., Die Kurvendiskussion, 8.8.2021, https://www.buentgen.com/news/die-kurvendiskussion

21. Hawkins, E. (2020): Warming Stripes: www.showyourstripes.info, Jahreszahlen wurden ergänzt
22. Thunberg, G., Das Klima-Buch, S. Fischer, Frankfurt 2022.
23. Vahrenholt, F.; Lüning, S., Unerwünschte Wahrheiten, S. 47, 1. Auflage, Langen Müller Verlag, München 2020
24. Humlum, O., http://www.climate4you.com, hier unter CO_2 and temperature
25. Meteo.plus, https://meteo.plus/amo-index.php
26. Es darf jedoch nicht vergessen werden, dass aus der AMO-Kurve der Erwärmungstrend herausgerechnet worden ist. Der Atlantik ist also wärmer geworden, doch das erfolgte in zyklischen Auf- und Abwärtsbewegungen.

26 a. Bjerknes Centre for Climate research, https://phys.org/news/2022-12-multidecadal-oscillations.html sowie https://www.nature.com/articles/s41612-022-00275-1

27. Loeb, N. G. et al., Satellite and Ocean Data Reveal Marked Increase in Earth's Heating Rate, Geophys. Research Letters, 15.6.2021, https://agupubs.onlinelibrary.wiley.com/doi/10.1029/2021GL093047
28. Copernicus Climate change service, The European sate of the climate, 2021, https://climate.copernicus.eu/esotc/2021/clouds-and-sunshine-duration
29. Dübal, H.-R.; Vahrenholt, F., Radiative Energy Flux Variation from 2001–2020, Atmosphere 2021, 12(10), 1297; https://doi.org/10.3390/atmos12101297
30. Lomborg, B., Global optimal climate policy, https://www.youtube.com/watch?v=QlT-HtXl2Ws&t=685s
31. Global Carbon Project (2021), https://www.globalcarbonproject.org/carbonbudget/22/files/GCP_CarbonBudget_2022.pdf
32. Bundesumweltministerium (2016), »Übereinkommen von Paris«, S. 5, https://www.bmu.de/fileadmin/Daten_BMU/Download_PDF/Klimaschutz/paris_abkommen_bf.pdf
33. Watson, A. et al. (2020), »Revised estimates of ocean-atmosphere CO_2 flux are consistent with ocean carbon inventory«, *Nature communications* 11, 4422, https://www.nature.com/articles/s41467-020-18203-3
34. IPCC, Frequently asked questions, 5-120; 5-184, https://www.ipcc.ch/report/ar6/wg1/downloads/faqs/IPCC_AR6_WGI_FAQs.pdf
35. IPCC, »Climate change 2021, Summary for policymakers«, https://www.ipcc.ch/report/ar6/wg1/downloads/report/IPCC_AR6_WGI_SPM.pdf, S. 25

36. Wirtz, K.; Smith S. L.; Mathis, M.; Taucher, J., Vertically migrating phytoplankton fuel high oceanic primary production, Nature Climate Change volume 12, pages 750–756 (2022), https://www.nature.com/articles/s41558-022-01430-5#Sec14
37. Fischer, Th., Nehmen Ozeane mehr CO_2 auf? https://idw-online.de/de/news799367
38. Thess, A., Sonne, Wind und Kerne, *Weltwoche Grün* Nr. 4.22, S. 24

Kapitel 3

1. Wetzel, D., Bundesregierung will deutsches Gasnetz schrittweise auflösen, *Die Welt,* 22.5.2022, https://www.welt.de/wirtschaft/plus238901851/Bundesregierung-will-deutsches-Gasnetz-schrittweise-aufloesen.html
2. Graichen, P., Klimaneutrales Deutschland 2045 und Das Klimaschutz-Sofortprogramm. AGORA-Energiewende, 2.9.21, https://www.izes.de/sites/default/files/publikationen/Veranstaltungen/8.%20EnergieKongress_1_Graichen.pdf
3. Riechel, M., Ohne Gasnetzinfrastruktur und erneuerbare Gase keine Wärmewende, DVGW, 11.5.2022, https://www.dvgw.de/der-dvgw/aktuelles/presse/presseinformationen/dvgw-presseinformation-vom-11052022-kritik-an-graichens-rueckbau-forderung
4. Sievert, S., Habeck war stolz auf Katar-Deal: Jetzt steht er vor den Scherben seiner Gas-Reise, *Focus*, 5.8.2022, https://www.focus.de/politik/energieversorgung-habeck-gesteht-kein-gas-aus-katar-was-das-nun-bedeutet_id_128771665.html
5. Alexander, R., *Die Welt*, Mehr geht nicht– Im Traumreich der SPD ist die Einigkeit schnell aufgebraucht, 16.8.2022, https://www.welt.de/politik/deutschland/plus240506053/Scholz-in-Schweden-Norwegen-Im-SPD-Traumreich-ist-die-Einigkeit-schnell-aufgebraucht.html
6. Scholz, C., Warum ein schnelles Energiegeschäft zwischen Deutschland und Kanada unrealistisch ist, *Handelsblatt*, 17.8.2022, https://www.handelsblatt.com/politik/deutschland/wasserstoff-und-fluessiggas-warum-ein-schnelles-energiegeschaeft-zwischen-deutschland-und-kanada-unrealistisch-ist/28602214.html
7. Lenkeit, D., Viele Rückzieher bei kanadischen LNG-Projekten, Gemany trade and invest, 3.9.2021, https://www.gtai.de/de/trade/kanada/branchen/viele-rueckzieher-bei-kanadischen-lng-projekten-693848.
8. Michalopoulos, S., EastMed-Gaspipeline: Griechenland entrüstet nach US-Rückzug, Euractiv, 10.1.2022, https://www.euractiv.de/

section/energie/news/eastmed-gaspipeline-griechenland-entruestet-angesichts-us-rueckzug/
9. Kentsche, C., EU und Türkei im Wettlauf gegen die Energiekrise im Mittelmeer, *Die Welt*, 17.8.2022, https://www.welt.de/politik/ausland/plus240535953/Energiekrise-Wettlauf-im-Mittelmeer.html
10. Kitzler, J.-C., Die Energiekrise steht im Mittelpunkt, Tagesschau 6.6.2022, https://www.tagesschau.de/ausland/europa/habeck-reise-nahost-103.html
11. Bundesregierung, Marktzugang für verflüssigtes Erdgas, 7. Juni 2019, https://www.bundesregierung.de/breg-de/themen/energiewende/marktzugang-fuer-verfluessigtes-erdgas-1594756
12. Teuffer, M., Energate messenger, 19.2.2020,Widerstand gegen die LNG-Terminals verfestigt sich, https://www.energate-messenger.de/news/200414/widerstand-gegen-lng-terminals-verfestigt-sich
13. Klimabündnis gegen LNG, https://www.bmwi.de/Redaktion/DE/Downloads/Stellungnahmen/Stellungnahmen-LNG-Infrastruktur/klimabuendnis-gegen-lng.pdf?__blob=publicationFile&v=4
14. *Zeitung für Kommunale Wirtschaft*, 20.2.2022, https://www.zfk.de/politik/deutschland/nord-gruene-bekraeftigen-nein-zum-lng-terminal
15. https://www.sciencedirect.com/science/article/pii/S2214629621001523
16. *Stern*, 12.8.2022, https://www.stern.de/wirtschaft/news/protest-aktion--klimaaktivisten-kapern-lng-baustelle-in-wilhelmshaven-32626182.html
17. https://www.taylorwessing.com/de/insights-and-events/insights/2022/06/das-lng-beschleunigungsgesetz
18. Reiter, F., 200 000 Euro Miete pro Tag: Der deutsche Gas-Plan mit schwimmenden Terminals, *Focus*, 14.5.2022, https://www.focus.de/finanzen/news/import-von-fluessiggas-mietkosten-200-000-euro-pro-tag-der-deutsche-gas-plan-mit-schwimmenden-terminals_id_96733556.html
19. Zeitonline, Gasimporteure sichern Belieferung der LNG-Terminals in der Nordsee zu 16.8.2022, https://www.zeit.de/politik/2022-08/robert-habeck-lng-terminal-belieferung-wilhelmshafen-brunsbuettel
20. Kopp, M., Hier entsteht das neue schwimmende LNG-Terminal in Stade, *Hamburger Abendblatt*, 14.7.2022 https://www.abendblatt.de/wirtschaft/article235887605/lng-gasversorgung-johann-killinger-stade-stadt-hamburg.html

21. https://www.ndr.de/nachrichten/mecklenburg-vorpommern/LNG-Terminal-in-Lubmin-Backhaus-wird-ungeduldig,lnglubmin102.html
22. Ridley, M., *The Sun*, 14.3.2022, https://www.rationaloptimist.com/blog/putins-fake-fracking-news/
23. Bojanowski, A., *Die Welt*, 24.3. 2022, https://www.welt.de/politik/ausland/plus237519431/Energiekosten-Wie-Putin-Klimaschuetzer-gegen-den-Westen-einspannte.html?icid=search.product.onsitesearch
24. Bachmann, A.-T., Die Altlasten des Ölbooms, *FAZ*, 26.1.2021, https://www.faz.net/aktuell/wissen/bohren-nach-oel-in-pennsylvania-die-altlasten-des-oelbooms-17642087.html
25. https://www.youtube.com/watch?v=dZe1AeH0Qz8
26. State of Colorado Oil and Gas conservation commission, https://cogcc.state.co.us/documents/library/Technical/Public_Health_Safety_and_Welfare/Hydraulic_Fracturing/GASLAND%20DOC.pdf
26a. Kümpel,H-J, W.Ressing, https://eike-klima-energie.eu/2022/12/27/ratio-des-fuer-und-wider-einer-inlaendischen-schiefergas-floezgas-foerderung/
27. https://www.shale-gas-information-platform.org/de/ship/was-ist-schiefergas/index.html
28. Plank, J., Deutsches Museum, 2015, https://www.youtube.com/watch?v=axcBVblU1C8
29. EIA,24.9.2015, https://www.eia.gov/analysis/studies/worldshalegas/
30. Espey, R., Germany trade and invest, 20.5.2022, https://www.gtai.de/de/trade/saudi-arabien/branchen/wasserstoffstrategie-mit-grau-blauer-tendenz-841314
31. https://www.npla.de/thema/umwelt-wirtschaft/fracking-wintershall-und-die-tote-kuh/
32. Exxonmobil, Wie funktioniert Fracking, https://corporate.exxonmobil.de/Energie-und-Umwelt/Erdgas/Fracking
33. Bundesverband Erdgas, Erdöl und Geoenergie, 21.4.2022, https://www.bveg.de/die-branche/erdgas-und-erdoel-in-deutschland/fracking-in-deutschland/
34. Bojanowski, A., Experten wollen Fracking auch in Deutschland, *Die Welt*, 11.6.2022, https://www.welt.de/wirtschaft/article239292399/Energieversorgung-Experten-wollen-Fracking-auch-in-Deutschland.html
34a. https://www.focus.de/politik/deutschland/krieg-und-imperialismus-sind-zurueck-bundeskanzler-olaf-scholz-zieht-bilanz-im-nachrichtenmagazin-focus_id_180403273.html

35. https://www.bgr.bund.de/DE/Themen/Energie/Downloads/Energiestudie_2013.pdf?__blob=publicationFile&v=5, S. 37
36. https://www.bundesregierung.de/breg-de/suche/kein-fracking-in-deutschland-321100
37. Bericht Expertenkommission Fracking 2021, https://expkom-fracking-whg.de/lw_resource/datapool/systemfiles/elements/files/C5D4DD128BEF7FDBE0537E695E86475A/live/document/Bericht_ExpertenkommissionFracking_2021.pdf
38. BR24 Redaktion, 14.8.2022, https://www.br.de/nachrichten/deutschland-welt/experte-fracking-verbot-ohne-sachliche-grundlage,TETYvFh
39. https://www.gesetze-im-internet.de/gg/art_64.html
40. Die Tagesschau, 25.3.2022, https://www.tagesschau.de/wirtschaft/weltwirtschaft/biden-von-der-leyen-103.html
41. Newburger, E., CNBC, 27.1.2022, https://www.cnbc.com/2021/01/27/biden-suspends-oil-and-gas-drilling-in-series-of.html,
42. Reich, H., *Manager Magazin*, 5.8.2022, https://www.manager-magazin.de/politik/weltwirtschaft/lng-tanker-die-weltweite-jagd-nach-fluessigerdgas-a-e61e726e-6732-4c3b-8094-f801fda1029b
43. https://ycharts.com/indicators/henry_hub_natural_gas_spot_price, (USA), https://www.theice.com/products/27996665/Dutch-TTF-Gas-Futures/data?marketId=5419234&span=2, (Europa)
44. Goehring & Rozencwajg, 21.4.2022, https://blog.gorozen.com/blog/the-global-natural-gas-crisis-is-coming-to-north-america
45. Goehring & Rozencwajg, The gas crisis is coming to America, 18.5.2022, https://4043042.fs1.hubspotusercontent-na1.net/hubfs/4043042/Content%20Offers/2022.Q1%20Commentary/2022.Q1%20GR%20Market%20Commentary.pdf
46. Böske, J., Zur Ökonomie der Versorgungssicherheit in der Energiewirtschaft, LIT Verlag, Münster 2007, https://books.google.de/books?id=uX7dgJtHw-YC&pg=PA145&lpg=PA145&dq=hubbert+kurve&source=bl&ots=xfgobPqznb&sig=ACfU3U2RZcxQqYdHo-AvJh-5Fn9PgYvB7gw&hl=de&sa=X&ved=2ahUKEwjj2aSEs9r5AhW2hP0HHdH-A4gQ6AF6BAglEAM#v=onepage&q=hubbert%20kurve&f=false
47. Engelke, P., *Handelsblatt,* 25.6.2014, https://www.handelsblatt.com/politik/international/nach-40-jahren-usa-lockern-klammheimlich-ihr-oel-exportverbot/10097208.html, sowie Kort, K., *Handelsblatt,* 22.9.2021, https://www.handelsblatt.com/politik/international/energiepreise-us-unternehmen-fordern-drosselung-der-gasexporte/27637312.html

48. Schwab, F., *Weltwoche*, 14.6.2022, https://weltwoche.ch/daily/geopolitik-aus-absurdistan-us-praesident-biden-will-das-oel-embargo-gegen-die-autoritaeren-regime-von-venezuela-und-den-iran-lockern-was-heisst-das-fuer-russland/
49. Hiltscher, L., USA stabilisieren den Ölmarkt kurzfristig, Tagesschau, 1.4.2022, https://www.tagesschau.de/wirtschaft/weltwirtschaft/was-bringt-das-anzapfen-der-strategischen-oelreserven-der-usa-101.html
50. Rozenzwajg, A., Podcast, 11.8.2022, https://blog.gorozen.com/blog/podcast-adam-rozencwajg-macrovoices
51. Pao, J., Power of Siberia 2 to divert Europe-bound gas to China, Asia times, 20.7.2022, https://asiatimes.com/2022/07/power-of-siberia-2-to-divert-europe-bound-gas-to-china/
52. Sinn, H.-W., *Münchner Merkur*,16.8.2022, https://www.merkur.de/wirtschaft/wirtschaft-aktuell-krieg-russland-folgen-inflation-energie-prognose-ex-ifo-chef-hans-werner-sinn-deutschland-91496278.html
53. *Pipeline & Gas Journal*, 18.5.2020 https://pgjonline.com/news/2020/05-may/gazprom-begins-preparation-for-power-of-siberia-2
54. https://www.pipeline-journal.net/news/power-siberia-2-pipeline-puts-ever-more-pressure-europe

Kapitel 4

1. https://www.bundesregierung.de/breg-de/suche/bundeskanzler-scholz-telefoniert-mit-dem-kolumbianischen-staatspraesidenten-iv%C3%A1n-duque-m%C3%A1rquez-2024046
2. Neuber, H., Warum wohl Olaf Scholz auf »Blutkohle« verzichten muss, Telepolis, 21.6.2022, https://www.heise.de/tp/thema/Gustavo-Petro
3. Käufer, T., Wenn Kolumbiens Umwelt-Duo gewinnt, hat Robert Habeck ein Problem, *Die Welt*, 18.6.2022,https://www.welt.de/politik/ausland/plus239413673/Kohleimporte-Wenn-Kolumbiens-Umwelt-Duo-gewinnt-hat-Habeck-ein-Problem.html
4. https://www.bundesregierung.de/breg-de/themen/klimaschutz/gasersatz-reserve-2048304
5. Niesmann, A. und Quadbeck, E., RND, 16.6.2022, https://www.rnd.de/politik/robert-habeck-zur-atomkraft-wir-haben-ein-gasproblem-kein-stromproblem-HKDZQ2DNWFFA5JX63LYTAUTS3M.html
6. Wetzel, D., Strompreise verzehnfacht – Diese Kurve ist der Vorbote der nächsten Mega-Krise, https://www.welt.de/wirtschaft/plus

240458485/Strompreis-fuer-Lieferung-2023-fast-verzehnfacht-Stromkrise-droht.html

7. Freiwah, P., *Münchner Merkur*, Frankreich kauft massiv Strom, weil Atommeiler ausfallen – mit Folgen für Bayern, 24.7.2022, https://www.merkur.de/bayern/atomkraftwerke-bayern-auswirkungen-preis-kosten-deutschland-frankreich-strom-gas-91651098.html
8. Olk, J. und Witsch. K., Neuer Plan für die Energiewende: Jetzt geht es um die Kohle, *Handelsblatt*, 4.6.2022 https://www.handelsblatt.com/unternehmen/energie/energiepolitik-neuer-plan-fuer-die-energiewende-jetzt-geht-es-um-die-kohle/28395632.html
9. https://www.morgenpost.de/wirtschaft/article236587235/Habeck-RWE-will-bis-2030-aus-Braunkohle-aussteigen.html
10. Paravicini, S., Habeck hält an Kohleausstieg bis 2030 fest, *Börsen-Zeitung*, 20.6.2022, https://www.boersen-zeitung.de/unternehmen-branchen/habeck-haelt-an-kohleausstieg-bis-2030-fest-e86dac82-f082-11ec-93c0-7b4664f4b5ae
11. https://www.rnd.de/politik/vorgezogener-braunkohle-ausstieg-diskussion-um-luetzerath-5JRUFSE5N33ABIZSYAWSKYSWG4.html
12. https://www.mdr.de/nachrichten/sachsen-anhalt/landespolitik/haseloff-frueherer-kohleausstieg-wirtschaftlich-nicht-machbar-100.html
13. https://www.nordkurier.de/brandenburg/woidke-gegen-vorgezogenen-kohleausstieg-bis-2030-wie-in-nrw-0749902410.html
14. https://www.handelsblatt.com/dpa/wirtschafts-staatssekretaer-fuer-kohleausstieg-2030-auch-im-osten/28721956.html
15. IPCC 2022, Climate Change 2022, Mitigation of climate change, Summary for policymakers, C 4.6., SPM-37, https://report.ipcc.ch/ar6wg3/pdf/IPCC_AR6_WGIII_SummaryForPolicymakers.pdf
16. Lüning, S.; Vahrenholt, F., Unerwünschte Wahrheiten, S. 300, Langen Müller Verlag, 2021, München
17. Archiv der Bundesregierung, Abschlussbericht Ethikkommission. https://archiv.bundesregierung.de/archiv-de/kommissionsbericht-zur-energiewende-ein-gemeinschaftswerk-fuer-die-zukunft-394388, S. 108
18. Ebenda S. 109
19. https://www.bundesregierung.de/breg-de/service/bulletin/rede-von-bundeskanzlerin-dr-angela-merkel-796316
    Die Bundeskanzlerin sagte weiter: »Kohle deckt heute rund 25 % des Weltenergieverbrauchs ab. Wir werden also damit zu rechnen haben, dass in den nächsten Jahrzehnten weiter weltweit Kohlekraftwerke gebaut werden. Das kann natürlich auch ein Exportschlager sein.

Ähnlich, wie wir es bei der Kernenergie zu befürchten haben, ist es natürlich auch bei Kohlekraftwerken: Wenn man seine eigene tolle Technologie zu Hause nicht mehr benutzt, macht man beim Export von Anlagen nur halb so viel Eindruck, wie wenn man stolz auf seine Produkte im eigenen Land ist.«

20. CO_2-Zwist zwischen Kiel und RWE, https://www.spiegel.de/politik/deutschland/klimaschutz-co_2-zwist-zwischen-kiel-und-rwe-a-575378.html
21. https://www.keine-kohle-kiel.de/index.php/nachrichtenticker
22. Grüne Nordfriesland: Stoppt das CO2-Endlager, https://web.archive.org/web/20220000000000*/https://www.gruene-nf.de/ccs/demonstration-vor-dem-landtag-am-mittwoch-17-juni/
23. CCS und CCU-Bausteine für den Klimaschutz in der Industrie, https://www.acatech.de/projekt/ccu-und-ccs-bausteine-fuer-den-klimaschutz-in-der-industrie/
24. https://www.energie.de/et/news-detailansicht/nsctrl/detail/News/globale-entwicklung-der-ccs-technologie-und-ihre-rolle-als-moegliche-klimaschutzmassnahme-2018203/np/2/
25. Global CCS Institute, Key messages, April 2021, https://www.globalccsinstitute.com/wp-content/uploads/2021/04/GCCSI_KeyMessages_04.2021.pdf

25a. Wetzel, D.; Doll, N., *Die Welt*, 20.12.2022, https://www.welt.de/politik/deutschland/plus242804947/Robert-Habeck-Was-hinter-seiner-Kehrtwende-bei-der-CO-Lagerung-steckt.html

25b. https://www.carbfix.com/news

26. Global CCS Institute, https://co2re.co/storagedata
27. Energy voice, 23.6.2022. https://www.energyvoice.com/renewables-energy-transition/421362/cnooc-finishes-chinas-first-offshore-ccs-project/
28. Bericht der Kommission über die geologische Speicherung von Kohlendioxid, 31.10.2019, https://eur-lex.europa.eu/legal-content/DE/TXT/PDF/?uri=CELEX:52019DC0566&from=EN
29. Northern lights, https://norlights.com/what-we-do/
30. Alexander, R., *Die Welt*, Norwegen will gesamtes europäisches CO_2 unter Nordsee einspeichern, 15.8.2022, https://www.welt.de/politik/ausland/article240500141/Norwegen-will-gesamtes-europaeisches-CO-unter-Nordsee-einspeichern.html
31. Baethge, H., Carstensen und Scholz glätten die Wogen, SHZ, 17.10.2011, https://www.shz.de/deutschland-welt/politik/artikel/carstensen-und-scholz-glaetten-die-wogen-40925101

32. Addendum, https://www.addendum.org/klima/green-deal-ccs/
33. Leßmann, C.; Steinkraus, A., Kurz zum Klima: Carbon, capture and storage – was kostet die Emissionsvermeidung, IFO-Schnelldienst 5/2016, https://www.ifo.de/DocDL/sd-2016-05-lessmann-steinkruas-kzk-ccs-2016-03-10.pdf

Kapitel 5

1. Galushchenko, G., Wie die Ukraine Deutschland mit Atomstrom helfen kann, 24.6.2022, https://www.wiwo.de/politik/deutschland/energiekrise-wie-die-ukraine-deutschland-mit-atomstrom-helfen-kann/28448032.html
2. *Der Spiegel*, Ukraine bietet Deutschland Atomstrom an, 22.6.2022, https://www.spiegel.de/wirtschaft/energiekrise-ukraine-bietet-deutschland-atomstrom-an-a-b0f096e7-b400-43f0-8ceb-4c88332b5719
3. Nuklearforum Schweiz, Ukraine: Pläne für 9 statt 5 AP1000-Einheiten 14.6.2022, https://www.nuklearforum.ch/de/news/ukraine-plaene-fuer-neun-statt-fuenf-ap1000-einheiten
4. https://www.merkur.de/politik/robert-habeck-maischberger-insolvenz-baeckerei-energiekrise-talk-ard-wirtschaftsminister-gruene-zr-91773018.html
5. *Focus*, 28.8.2022, https://www.focus.de/politik/deutschland/deutsche-atomkraftwerke-baerbock-bezeichnet-moegliche-akw-laufzeitverlaengerung-als-irrsinn_id_137369818.html
6. Schroeren, M., https://twitter.com/MSchroeren/status/1553742751165997060
7. Vetter, P., Wetzel, D., https://www.welt.de/wirtschaft/article240905885/Atomausstieg-Jetzt-setzt-Deutschland-auf-Kraftwerks-Technik-fuer-Entwicklungslaender.html
8. https://www.bmuv.de/fileadmin/Daten_BMU/Download_PDF/Nukleare_Sicherheit/laufzeitverlaengerung_akw_bf.pdf
9. GRS, Gesellschaft für Anlagen- und Reaktorsicherheit mbH, https://www.grs.de/de/glossar/streckbetrieb
10. https://www.zeit.de/politik/deutschland/2022-09/atomkraft-weiterbetrieb-reserve-akw-ifo-kritik
11. https://www.zdf.de/nachrichten/politik/atomkraftwerke-laufzeit-reserve-habeck-100.html
12. Malzahn, C.; Jungholt, T.; Doll, N., *Die Welt* 18.10.2022, https://www.welt.de/politik/deutschland/plus241657411/AKW-Weiterbetrieb-Das-inszenierte-Machtwort-des-Olaf-Scholz.html

13. Deutschlandfunk, 12.10.2022, https://www.deutschlandfunk.de/gaspreisdeckel-bedeutung-100.html
14. Archiv der Bundesregierung, Abschlussbericht Ethikkommission. https://archiv.bundesregierung.de/archiv-de/kommissions bericht-zur-energiewende-ein-gemeinschaftswerk-fuer-die-zukunft-394388, S. 108
15. AGORA Energiewende, Die Kohlekommission – Ihre Empfehlungen und deren Auswirkungen auf den deutschen Stromsektor bis 2030, https://static.agora-energiewende.de/fileadmin/Projekte/2019/Kohlekommission_Ergebnisse/167_Kohlekommission_DE.pdf, S. 35
16. Faki, S., *Blick*, 2.8.2022, https://www.blick.ch/politik/weil-viele-atomkraftwerke-still-stehen-frankreich-droht-das-lichterloeschen-id17756370.html
17. Eichhorn, M., *Berliner Zeitung*, Atomausstieg: Der Konsens, den es so nie gab, 30.7.2022, https://www.berliner-zeitung.de/politik-gesellschaft/laufzeitverlaengerung-atomausstieg-der-konsens-den-es-nie-so-gab-li.251719
18. Tech for future, https://www.tech-for-future.de/atomkraft-umfrage/#Wie_viel_%_der_Deutschen_sind_fuer_Atomkraft
19. https://www.rnd.de/politik/akw-laufzeit-ueber-2024-hinaus-mehrheit-der-deutschen-offen-GLQEN7HJTIYA55PJNG4IFS3TUA.html?fbclid=IwAR3OkHteRu3ZSyfZHG_yAdiyH5ruqFnY94buzJ-z-byeb_hN8ULWYA9EKZ4
20. https://www.youtube.com/watch?v=Osm1J5qkcns
21. https://www.badische-zeitung.de/hans-juergen-papier-haelt-das-atom-moratorium-fuer-rechtlich-angreifbar
22. Lüning, S.; Vahrenholt, F., Unerwünschte Wahrheiten, S. 309, Langen Müller Verlag, 2021, München
23. Landeszentrale für politische Bildung, Baden-Württemberg, Energiewende 2011, Archiv, https://www.lpb-bw.de/energiewende
24. Alexander, R.; Vitzthum, T., *Die Welt*, Schmidts »Sozialliberale Euphorie«: CDU erklärt Atomkraft zum Erbe Helmut Schmidts, 30.3.2011
25. http://german.china.org.cn/txt/2022-08/11/content_78367528.htm
26. Alexander, R., *Die Welt*, Mehr geht nicht– Im Traumreich der SPD ist die Einigkeit schnell aufgebraucht, 16.8.2022, https://www.welt.de/politik/deutschland/plus240506053/Scholz-in-Schweden-

Norwegen-Im-SPD-Traumreich-ist-die-Einigkeit-schnell-aufgebraucht.html

27. Deckers, D., *FAZ*, Atomausstieg ist lächerlich, 22.5.2008, https://www.faz.net/aktuell/politik/inland/katholikentag-merkel-atomausstieg-ist-laecherlich-1544968.html
28. Kemfert, C., Fokus Kernenergie: Aus der Traum – Atomenergie hat keine Zukunft, https://www.energie-klimaschutz.de/atomenergie-hat-keine-zukunft/
29. World Nuclear association, https://world-nuclear.org/information-library/current-and-future-generation/plans-for-new-reactors-worldwide.aspx
30. Kernkraftwerk Gösgens, Moderne Kernkraftwerke, https://www.kkg.ch/de/i/moderne-kernkraftwerke-_content---1--1445.html
31. World nuclear news, Second Fuqing Hualong One enters commercial operation, 25.3.2022, https://www.world-nuclear-news.org/Articles/Second-Fuqing-Hualong-One-enters-commercial-operat
32. Radkau, J., Eine kurze Geschichte der Anti-Atom-Bewegung, *Aus Politik und Zeitgeschichte*, 10.11.2011, https://www.bpb.de/shop/zeitschriften/apuz/59680/eine-kurze-geschichte-der-deutschen-antiatomkraftbewegung/
33. Business standard, 13.3.2022, https://www.business-standard.com/article/international/a-long-delayed-new-costly-nuclear-reactor-goes-online-in-finland-122031201140_1.html
34. Wille, J., Britische Meiler kosten mehr, *Frankfurter Rundschau*, 3.2.2021, https://www.fr.de/wirtschaft/britischer-meiler-kostet-mehr-90190553.html
35. Wealer, B., Bauer, S., Göke, L., von Hirschhausen, C., Kemfert, C., High-Priced and Dangerous: Nuclear Power Is Not an Option for the Climate-Friendly Energy, DIW Weekly report 30, 2019, https://www.diw.de/de/diw_01.c.670590.de/publikationen/weekly_reports/high_priced_and_dangerous_nuclear_power_is_not_an_option_for_the_climate_friendly_energy_mix.html
36. https://www.epexspot.com/en, Stand 16.8.2022
37. https://www.eex.com/de/marktdaten/strom/futures, Stand 26.8.2022
38. World Nuclear Association, März 2022, https://world-nuclear.org/information-library/safety-and-security/safety-of-plants/safety-of-nuclear-power-reactors.aspx

39. World Nuclear association, Dezember 2020, https://world-nuclear.org/information-library/nuclear-fuel-cycle/nuclear-power-reactors/generation-iv-nuclear-reactors.aspx
40. Prasser, M., *Journal der Sächsischen Akademie der Wissenschaften*, Nummer 21 (2019), http://www.denkstroeme.de/heft-21/s_9916_prasser
41. Lemehov, V., Rachkov, V., BREST-OD-300 – Demonstration of Natural Safety Technologies, Atomwirtschaft atw 66 (2021), 3, https://www.kernd.de/kernd-wAssets/docs/presse/Article-atw-2021-3-BREST-OD-300-Rosatom.pdf
42. https://rosatom-europe.com/press-centre/news/the-foundation-concreting-of-the-brest-od-300-reactor-is-completed/
43. World nuclear news, 21.12.2021, Demonstration HTR-PM connected to grid, https://www.world-nuclear-news.org/Articles/Demonstration-HTR-PM-connected-to-grid
44. Nuklearforum Schweiz, 24.8.2021, https://www.nuklearforum.ch/de/news/erste-brennstoffbeladung-beim-htr-pm-china
45. Malapati, S., Nature, China prepares to test thorium-fuelled nuclear reactor, https://www.nature.com/articles/d41586-021-02459-w
46. https://dual-fluid.com/wp-content/uploads/2022/03/Dual-Fluid_Whitepaper_DE_screen.pdf
47. Thess, A., Sonne Wind und Kerne, *Weltwoche Grün,* 25.8.2022, S. 24
48. Bojanowski, A., Wie Medien Deutschlands Atomausstieg herbeischrieben, *Die Welt*, 26.7.2022, https://www.welt.de/wissenschaft/plus227989215/Atomkraft-Wie-Medien-Deutschlands-Atomausstieg-herbeischrieben.html
49. https://www.zeit.de/online/2008/30/schmidt-atomausstieg-spd
50. https://www.udo-leuschner.de/energie-chronik/920411.htm

Kapitel 6

1. Sieferle, R. P., Rückblick auf die Natur, Landtverlag 2020, Berlin, S. 147 ff.
2. https://ourworldindata.org/energy-mix
3. Preisentwicklung 2022: Entwicklung der Kosten von Solaranlagen, https://www.solaridee.de/preisentwicklung-photovoltaik/
4. https://ourworldindata.org/energy-mix
5. Tech for future, https://www.tech-for-future.de/preisentwicklung-photovoltaik/
6. https://ourworldindata.org/energy-mix

7. IEA Solar PV, Nov 2021, https://www.iea.org/reports/solar-pv. 2020 betrug die Stromerzeugung aus PV 821 TWh, bei einem Wachstum von 150 TWh wird die Stromerzeugung für 2021 auf 1000 TWh geschätzt.
8. Bundesnetzagentur, Netzengpassmanagement 2021, S. 9, https://www.bundesnetzagentur.de/SharedDocs/Downloads/DE/Sachgebiete/Energie/Unternehmen_Institutionen/Versorgungssicherheit/Engpassmanagement/Zahlen%20Ganzes%20Jahr2021.pdf?__blob=publicationFile&v=4
9. https://en.wikipedia.org/wiki/Energy_return_on_investment
10. Brockway, P., Owen, A., et al. (2019) Estimation of global final-stage energy-return-on-investment for fossil fuels with comparison to renewable energy sources. Nature Energy, 4 (7). pp. 612-621, https://eprints.whiterose.ac.uk/148748/1/2019_05_22_EROI-2_Author_accepted_manuscript.pdf
11. Tech for future, https://www.tech-for-future.de/umwelt-energie/#Metalle_Mineralien_Wie_viele_Ressourcen_brauchen_Energiequellen
12. Umweltbundesamt, Seltene Erden in Permanentmagneten, 15.5.2019, https://www.umweltbundesamt.de/sites/default/files/medien/3521/dokumente/factsheet-magnetmaterialien_fi_barrierefrei.pdf
13. Mattheis, P., *Der Standard*, 24.6.2021, https://www.derstandard.de/story/2000127660169/china-sitzt-auf-wertvollen-rohstoffen-und-ist-sich-dieser-macht
14. Roland Berger, https://www.rolandberger.com/de/Insights/Publications/Innovation-und-Industrialisierung-Offshore-Windenergie.html
15. Siemens Gamesa, https://www.siemensgamesa.com/products-and-services/offshore/wind-turbine-sg-14-222-dd
15a. Bundesnetzagentur, https://www.bundesnetzagentur.de/SharedDocs/Downloads/DE/Sachgebiete/Energie/Unternehmen_Institutionen/Ausschreibungen/Onshore/FestlegungOnshore.pdf?__blob=publicationFile&v=3
16. WoodMackenzie, 25.4.2022, https://www.woodmac.com/news/opinion/china-remains-the-global-wind-powerhouse/?utm_source=etp-30-day-nurture&utm_medium=email&utm_content=global-wind-outlook-china-powerhouse-2022&utm_campaign=pandr-emearc-etp-30-day-nurture-programme-2022
17. https://ourworldindata.org/energy-mix. Das Wachstum des Primärenergiebedarfs wird von 2019 auf 2030 von 160 000 TWh

auf 180 000 TWh ansteigen. 2019 erzeugte Windenergie 3926 TWh und bis 2030 werden 4250 TWh (1700 GW x 25 Volllaststunden) hinzukommen. Das ergibt einen Anteil von 4,5 %. Zahlen aus Zitat 11
18. https://www.ecoreporter.de/artikel/832002-fritz-vahrenholt-repower-systems-ag-wir-wollen-windkraftanlagen-errichten-die-mit-geringer-staatlicher-unterstuetzung-wettbewerbsfaehig-sind-08-03-2002/
19. https://www.goldwind.com/en/about/timeline/
20. https://www.finanzen.net/bilanz_guv/xinjiang_goldwind
21. DENA, Kurzanalyse der Kraftwerksleistung in Deutschland bis 2020 (Update). Berlin, 2010, https://effizienzgebaeude.dena.de/fileadmin/dena/Dokumente/Pdf/9108_Studie_Kurzanalyse_der_Kraftwerksplanung_in_D_bis_2020.pdf
22. 50Hertz. Energiewende Outlook 2035. 2016, https://www.50hertz.com/de/Netz/Netzausbau/WofuerNetzausbau/50HertzEnergiewendeOutlook2035
23. https://www.udo-leuschner.de/basiswissen/SB124-04.htm
24. https://lernbausteine.energie-macht-schule.de/index/frequenz/index.html
25. https://www.netzfrequenz.info/verlauf-3-minuten
26. Pannicke, J., Die Zukunft der elektrischen Energieerzeugung, Berlin 2022
27. Siemens, 16.3.2021, https://press.siemens-energy.com/global/de/pressemitteilung/siemens-energy-und-amprion-besiegeln-technologiepartnerschaft-fuer-eine-sichere
28. https://www.udo-leuschner.de/energie-chronik/140914.htm
29. https://www.udo-leuschner.de/energie-chronik/150812.htm#solarpark
30. https://www.udo-leuschner.de/energie-chronik/170814.htm
31. https://www.udo-leuschner.de/energie-chronik/180408.htm
32. https://www.bmwk.de/Redaktion/DE/Downloads/Gesetz/entwurf-eines-gesetzes-zur-erhoehung-und-beschleunigung-ausbaus-wind energieanlagen-an-land.pdf?__blob=publicationFile&v=12
33. https://www.wind-energie.de/themen/zahlen-und-fakten/
34. https://www.bundesregierung.de/breg-de/themen/klimaschutz/windenergie-auf-see-gesetz-2022968
35. https://mediathek.fnr.de/primarenergieverbrauch-2021.html
36. Vernunftkraft, Kompendium für eine vernünftige Energiepolitik, 2022, S. 1, https://www.vernunftkraft.de/kompendium/

37. Umweltbundesamt, https://www.umweltbundesamt.de/sites/default/files/medien/376/publikationen/climate_change_38_2019_flaechenanalyse_windenergie_an_land.pdf
38. Umweltbundesamt, Potenzial der Windenergie an Land, 2013, S. 16, https://www.umweltbundesamt.de/sites/default/files/medien/378/publikationen/potenzial_der_windenergie.pdf
39. Auch der europäische Windenergieverband kommt auf eine Abschätzung von 12 MW auf einen Quadratkilometer, https://www.wind-energy-the-facts.org/index-20.html
40. https://www.umweltbundesamt.de/daten/flaeche-boden-land-oekosysteme/flaeche/struktur-der-flaechennutzung sowie https://de.wikipedia.org/wiki/Naturschutzgebiet_(Deutschland)
41. Richarz, K., Energiewende und Naturschutz – Windenergie im Lebensraum Wald, https://www.deutschewildtierstiftung.de/naturschutz/windenergie-und-artenschutz
42. https://www.bild.de/regional/frankfurt/frankfurt-aktuell/wegen-windraedern-harvester-fressen-sich-durch-grimms-maerchenwald-79135162.bild.html
43. 5. Voigt, C. C., Lehnert, L. S., Petersons, G., Adorf, F., Bach, L. (2015): Wildlife and renewable energy: German politics cross migratory bats: *European Journal of Wildlife Research* 61 (2), 213–219.
44. Deutsche Ornithologische Gesellschaft 2013 zitiert nach https://brandenburg.nabu.de/tiere-und-pflanzen/voegel/forschung/16281.html
45. Moore, P., 2016, Berlin, https://nanopdf.com/download/das-gegenteil-von-dem-was-die-umweltbewegung-einst-forderte_pdf
46. Trieb, F.; Gerz, T.; Geiger, M., Energiewirtschaftliche Tagesfragen 68, Heft 11, S. 51; https://www.dlr.de/tt/Portaldata/41/Resources/dokumente/st/et_1810_10_3_Trieb_BCDR_51-55_ohne.pdf
47. Private e-mail F. Trieb an den Autor
48. Miller, L. M., Keith, D. W. (2018): Climatic Impacts of Wind Power: Joule 2 (12), 2618-2632.
49. Max-Planck-Institut für Biogeochemie, Jena, 14.7.2022, https://www.mpg.de/18958020/erneuerbare-energie-windkraft?c=11952947
50. Jestremski, J., Windsterben durch Windkraft, Eifelon, 16.2.2021, https://eifelon.de/umland/windsterben-durch-windkraft.html
51. Platis, A. et al., Universität Tübingen, Windparks erzeugen lange Wirbelschleppen, 1.2.2018, https://uni-tuebingen.de/newsfullview-landingpage/article/windparks-erzeugen-lange-wirbelschleppen/

Kapitel 7

1. Lüning, S.; Vahrenholt, F., Unerwünschte Wahrheiten, Langen Müller Verlag, München 2020, S. 286
2. https://www.bundesregierung.de/breg-de/themen/klimaschutz/windenergie-auf-see-gesetz-2022968
3. https://www.bmwk.de/Redaktion/DE/Downloads/Gesetz/entwurf-eines-gesetzes-zur-erhoehung-und-beschleunigung-ausbaus-windenergieanlagen-an-land.pdf?__blob=publicationFile&v=12
4. https://dserver.bundestag.de/btd/20/016/2001630.pdf
5. Bundesnetzagentur, Netzengpassmanagement, https://www.bundesnetzagentur.de/SharedDocs/Downloads/DE/Sachgebiete/Energie/Unternehmen_Institutionen/Versorgungssicherheit/Engpassmanagement/Zahlen%20Ganzes%20Jahr2021.pdf?__blob=publicationFile&v=4
6. Ruhnau, O.; Qvist, S., Storage requirements in a 100 % renewable electricity system, extreme events and inter-annual variability, Environ. Res. Lett., Vol. 17, 044018, https://iopscience.iop.org/article/10.1088/1748-9326/ac4dc8/meta#references
7. Ahlborn, D., Principal component analysis of West European wind power generation, European Physical Journal Plus (2020) 135:568, https://doi.org/10.1140/epjp/s13360-020-00585-4
8. Erdgas plus Erneuerbare Energien, ASUE 2000, Vorwort Jürgen Trittin, http://asue.de/sites/default/files/asue/themen/umwelt_klimaschutz/2000/broschueren/07_02_00_erdgas_plus_erneuerbare_energien.pdf
9. *Der Spiegel,* 25.12.2018 »Die Amerikaner wollen Russland totrüsten«, https://www.spiegel.de/wirtschaft/soziales/russland-juergen-trittin-verteidigt-nord-stream-2-a-1244845.html
10. Thess, A., Sieben Energiewendemärchen?, S. 143, Springer, Berlin, 2020
11. Wood Mackenzie, https://www.woodmac.com/news/opinion/europes-grid-scale-energy-storage-capacity-will-expand-20-fold-by-2031/
12. Menton, F., And the winner is, Germany!, https://www.manhattan-contrarian.com/blog/2022-6-29-and-the-winner-is-germany
13. Mead, W. R., End of German Idyll, Wall street journal, 27. Juni 2022, https://www.wsj.com/articles/germanys-economic-miracle-ebbs-olaf-scholz-g7-world-leaders-security-rearm-foreign-policy-11656361529

14. REPowerEU. Joint European action for more affordable, secure and sustainable energy, 8.3.2022, https://ec.europa.eu/commission/presscorner/detail/en/ip_22_1511
15. https://web.archive.org/web/20101127185336/http://www.gruene-wt.de/energie/pumpspeicherwerk.html
16. https://www.heise.de/newsticker/meldung/EnBW-gibt-das-Mrd.projekt-Pumpspeicherkraftwerk-Atdorf-auf-3858670.html
17. https://www.dnv.com/news/estorage-study-shows-huge-potential-capacity-of-exploitable-pumped-hydro-energy-storage-sites-in-europe-63675
18. Marguerre, F., Verfahren und Vorrichtung zum Aufspeichern von Energie, Reichspatent 337356 vom 10. August 1920
19. https://www.dlr.de/content/de/artikel/news/2018/4/20181009_bau-forschungsanlage-energiespeicher.html
20. Laughlin, R. B., Pumped thermal grid storage with heat exchange, Jorn Ren.and sust. Energy 9, 044103 (2017), https://aip.scitation.org/doi/10.1063/1.4994054
21. *The engineer*, 9. Jan. 2019, https://www.theengineer.co.uk/content/news/newcastle-university-connects-first-grid-scale-pumped-heat-energy-storage-system
22. Seltmann, T., Batterien rechnen sich (noch) nicht, Solarenergie Förderverein Deutschland e. V., https://www.sfv.de/artikel/batteriespeicher_rechnen_sich_noch_nicht
23. Buchal, C.; Karl, H.-D.; Sinn, H.-W., Kohlemotoren, Windmotoren und Dieselmotoren: Was zeigt die CO_2-Bilanz ? ifo Schnelldienst 8/2019, https://www.ifo.de/DocDL/sd-2019-08-sinn-karl-buchal-motoren-2019-04-25.pdf
24. Kobe, S., Deutsche Energiewende wird wie eine Seifenblase platzen, https://www.vernunftkraft.de/echte-seifenblasen-schillern-schoener/
25. https://www.leag.de/de/bigbattery/
26. Nationale Akademie der Wissenschaften Leopoldina, acatech, Sektorkopplung-Optionen für die nächste Phase der Energiewende, November 2017, S. 48, https://www.leopoldina.org/uploads/tx_leopublication/2017_11_14_ESYS_Sektorkopplung.pdf
27. Schuster, R., https://www.vernunftkraft.de/daten-zur-stromerzeugung/
28. Wagner, F., Surplus from and storage of electricity generated by intermittent Sources, Eur. Phys. J. Plus (2016) 131:445, https://www.epj.org/images/stories/news/2017/10.1140--epjp-i2016-16445-3.pdf

29. Ausfelder et al., Sektorkopplung – Untersuchungen und Überlegungen zur Entwicklung eines integrierten Energiesystems, München 2017, S. 63, https://www.acatech.de/wp-content/uploads/2018/03/ESYS_Analyse_Sektorkopplung.pdf
30. https://ec.europa.eu/commission/presscorner/detail/enfs_22_1513
31. Clausen, J., Das Wasserstoffdilemma: Verfügbarkeit, Bedarfe und Mythen, Berlin Juni 2022, https://www.borderstep.de/wp-content/uploads/2022/06/AP2-Wasserstoff-Potenziale-Bedarfe_27-6-2022.pdf
32. Pillkahn, H.-B., Wirkung der Energiewende auf die Metallindustrie, 20 Jahre Energiewende, Universität Stuttgart, Juli 2022, https://www.youtube.com/watch?v=1fknqg20PwU
33. Magenheim-Hörmann, T., Energiekonzerne glauben nicht an neue Gaskraftwerke durch EU-Taxonomie, RND 12.1.2022, https://www.rnd.de/wirtschaft/eu-taxonomie-energiekonzerne-glauben-nicht-an-neue-gaskraftwerke-5GARYVCQFR HUBOOPIGS-OFUKV2U.html
34. Derwent, R. G., Hydrogen for Heating: Atmospheric impacts. A literature review. London, https://www.gov.uk/government/publications/atmospheric-impacts-of-hydrogen-literature-review
35. https://www.chemietechnik.de/anlagenbau/rwe-und-kawasaki-wollen-erste-wasserstoff-faehige-gastrubine-in-lingen-installieren-426.html
36. DLR, Wasserstoff als ein Fundament der Energiewende, 2020, https://www.dlr.de/content/de/downloads/publikationen/broschueren/2020/wasserstoffstudie-teil-2.pdf;jsessionid=F01B9EA0DC634E90414A0E05C61CD478.delivery-replication2?__blob=publicationFile&v=4
37. BGR, Energiestudie 2021, S. 51, https://www.bgr.bund.de/DE/Themen/Energie/Downloads/energiestudie_2021.pdf?__blob=publicationFile&v=4
38. Bundesregierung, Fortschrittsbericht zur Umsetzung der Nationalen Wasserstoffstrategie, Bundesministerium für Wirtschaft und Klimaschutz April 2022. https://www.bmwk.de/Redaktion/DE/Wasserstoff/Downloads/fortschrittsbericht-der-nws.pdf?__blob=publicationFile&v=2
39. Pillkahn, H.-B., https://www.youtube.com/watch?v=1fknqg20PwU
40. Schlögl, R., Max-Planck-Gesellschaft, Wir müssen jetzt Wasserstoffpipelines bauen, 1.8.22, https://www.mpg.de/19042600/energiewende-gaskrise-schloegl

41. Bundesministerium für Bildung und Forschung, https://www.wasserstoff-leitprojekte.de/leitprojekte/transhyde
42. https://www.what-the-fact.de/2021/09/16/wasserstoff-soll-erdgas-ersetzen/
43. GetH2, https://www.get-h2.de/
44. Thess, A., Sieben Energiewendemärchen, 2020, Springer Nature, Berlin, S.190
45. https://www.faz.net/aktuell/wirtschaft/digitec/wasserstoff technik-wasserstoff-als-gruener-konjunktur-motor-16787360.html
46. Vernunftkraft e. V., Kompendium für eine vernünftige Energiepolitik, 2022 https://www.vernunftkraft.de/kompendium/, S. 15

Ausblick

1. https://www.welt.de/wirtschaft/article232019003/Tag-der-Industrie-Die-grossen-Versprechen-der-Kanzlerkandidaten.html
2. EWI, https://www.ewi.uni-koeln.de/de/publikationen/ewi-merit-order-tool-2022/
3. Maier, M., Erste Firmen stoppen Produktion für immer: »Substanz der Industrie bedroht«, *Berliner Zeitung*, 2.9.2022, https://www.berliner-zeitung.de/wirtschaft-verantwortung/produktion-und-krise-wirtschaft-li.262725
4. Habeck, R., https://www.welt.de/politik/video240780253/Schloss-Meseberg-Wie-Scholz-Habeck-und-Lindner-die-Energiekrise-bewaeltigen-wollen.html; Minute 29 ff.
5. https://www.gesetze-im-internet.de/windseeg/BJNR231000016.html
6. Eidgenössisches Nuklearsicherheitsinspektorat ENSI, https://www.ensi.ch/de/technisches-forum/betriebliche-flexibilitaet-und-netzregelung-bei-schweizer-atomkraftwerken/, Antwort auf Frage 28
7. Behrens, C., *Süddeutsche Zeitung*, 21.5.2017, China zapft neuartige Energiequelle am Meeresgrund an, https://www.sueddeutsche.de/wissen/methanhydrat-china-zapft-neuartige-energiequelle-am-meeresgrund-an-1.3515802
8. https://www.bundesregierung.de/breg-de/aktuelles/methangas-eine-energiequelle-der-zukunft-1006806
9. Kreutzfeldt, M., 22.8.2020, *taz*, https://taz.de/Energie-durch-Kernfusion/!5707537&SuchRahmen=Print/

10. Messner, D., Hemmer, H., 12.8.2020, https://www.spektrum.de/kolumne/kleine-geschichte-eines-mannes-der-die-genetik-der-udssr-zerstoerte/1759042
11. https://science.osti.gov/-/media/fes/fesac/pdf/2020/202012/FESAC_Report_2020_Powering_the_Future.pdf, S. 2
12. https://eurasiantimes.com/artificial-sun-china-claims-designing-worlds-1st-power-plant/
13. https://generalfusion.com/
14. https://www.helionenergy.com/
15. Seibert, C., *Express*, 11.7.2022, https://exxpress.at/baerbocks-energie-geniestreich-huehnchen-nur-noch-bei-18-grad-kuehlen/
16. PCC, 5. Sachstandsbericht, 2014, Working Group 3, Kap. 7, S. 563, https://www.ipcc.ch/site/assets/uploads/2018/02/ipcc_wg3_ar5_chapter7.pdf

Droht jetzt der Klima-Lockdown?

Im März 2021 hat das Bundesverfassungsgericht das Klimaschutzgesetz für verfassungswidrig erklärt und der Politik aufgetragen, die CO_2-Reduktion bis 2050 bereits jetzt zu regeln. Das Gericht ignoriert dabei den mit hohen Unsicherheiten behafteten wissenschaftlichen Diskussionsstand und erweckt den Eindruck einer alternativlosen Gefahrenlage.
Die Autoren belegen mit einer Fülle von Quellenbeweisen, auf welch fehlerhaften Annahmen dieser folgenschwere Beschluss ruht.

Prof. Fritz Vahrenholt · Dr. Sebastian Lüning
UNANFECHTBAR?
128 Seiten · ISBN 978-3-7844-3618-0
Auch als E-Book erhältlich

LMV

langenmueller.de